天津市安装工程预算基价

第三册　热力设备安装工程

DBD 29-303-2020

天津市住房和城乡建设委员会
天津市建筑市场服务中心　主编

中国计划出版社

目　　录

第四章　水处理专用设备

第五章　炉 墙 砌 筑

第六章　工业与民用锅炉

附　录

册 说 明

一、本册基价包括中压锅炉设备、汽轮发电机设备、燃料供应设备、水处理专用设备、炉墙砌筑、工业与民用锅炉6章,共457条基价子目。

二、本册基价适用于130t/h以内锅炉、25MW以内的汽轮发电机组设备的新建、扩建项目的安装工程。

三、本册基价以国家和有关工业部门发布的现行产品标准、设计规范、施工及验收规范、技术操作规程、质量评定标准和安全操作规程为依据。

四、其他应注意的问题:

1.中、低压锅炉的划分:蒸发量为35t/h的链条炉和蒸发量为75t/h及130t/h的煤粉炉为中压锅炉,蒸发量为20t/h及以内的燃煤、燃油(气)锅炉为低压锅炉。

2.通用性机械应参照本基价第一册《机械设备安装工程》DBD 29-301-2020相应基价子目。

(1)锅炉风机安装项目除了中压锅炉送、引风机安装外,还包括其他风机安装。

(2)汽轮发电机系统的泵类安装项目除了电动给水泵、循环水泵、凝结水泵、机械真空泵安装外,还包括其他泵安装。

(3)起重机械设备安装包括汽机房桥式起重机安装等。

(4)柴油发电机和压缩空气机安装。

(5)锅炉点火燃油系统的卸油设备、油泵、加热器、油过滤器、油罐和污油箱安装。

3.各系统的管道安装除了由设备成套供应的管道和包括在设备安装工程内容中的润滑系统管道以外,应参照本基价第六册《工业管道工程》DBD 29-306-2020相应基价子目。

4.锅炉重型炉墙的耐火砖砌筑应参照本基价第四册《炉窑砌筑工程》DBD 29-304-2020相应基价子目。

5.烟道、风道、烟囱制作、安装应参照本基价第五册《静置设备与工艺金属结构制作安装工程》DBD 29-305-2020相应基价子目。

6.刷油、保温应参照本基价第十一册《刷油、绝热、防腐蚀工程》DBD 29-311-2020相应基价子目。

五、下列项目按系数分别计取:

1.系统调整费按系统工程人工费的12%计取,其中人工费占35%。

2.安装与生产同时进行,降效增加费按分部分项工程费中人工费的10%计取,全部为人工费。

3.在有害身体健康的环境中,施工降效增加费按分部分项工程费中人工费的10%计取,全部为人工费。

第一章　中压锅炉设备

说　明

一、锅炉本体:

1.工作内容:

(1)设备开箱、清理、搬运、校正、组合、点焊(焊接或螺栓连接)、起吊安装、找正、固定。

(2)管件、管材及焊缝的无损检验(X射线、γ射线、超声波、光谱)。在施工过程中,受热面焊缝质量的抽查和补焊工作,焊缝无损检验过程中需要安装人员配合的工作。

(3)合金钢管件焊前的预热及焊后的热处理。

(4)校管平台、组合支架或平台的搭拆。

(5)组合或起吊中临时构件和加强铁件的制作。

(6)设备本体油漆。

(7)整体试验和试运转。

2.不包括的工作内容:

(1)露天电站锅炉的特殊防护措施。

(2)炉墙砌筑、保温及保温表面的油漆。

3.安装基价计量单位为吨时,应以锅炉本体图纸上的金属质量为准,不包括设备的包装材料、临时加固铁构件及炉墙、保温等的质量。

(一)钢结构安装:

1.工程范围:锅炉本体燃烧室及尾部对流井的立柱、横梁及其连接件的安装。

2.工作内容:

(1)基础清理、检查、验收、画线、垫铁配置、立柱和横梁的编号、测量校正、组合、加固、吊装、找正及固定。

(2)组合平台的搭拆,临时梯子、平台、硬支撑及加固铁构件的制作、安装及拆除。

(二)汽包安装:

1.工程范围:汽包及其内部装置、汽包底座的安装。

2.工作内容:

(1)汽包的检查、画线、起吊、安装,内部装置的拆除,汽包底座的检修、安装,人孔门的研磨、封闭。

(2)汽包底座、临时加固件的制作、安装及拆除。

(3)膨胀指示器的安装及支架的配制。

3.不包括膨胀指示器的制作(按设备供货考虑)。

4.双汽包安装按同子目乘以系数1.40。

（三）水冷壁、过热器、省煤器安装：

1.工程范围：

（1）水冷壁：普通水冷壁组件及联箱、降水管、集中降水母管（大直径下降管）、汽水引出管、管系支吊架、联箱支座或吊杆、水冷壁固定装置的安装。

（2）过热器：蛇形管排及组件、联箱、减温器、蒸汽联络管、联箱支座或吊杆、管排定位或支架铁件、防磨装置、管系支吊架的安装。

（3）省煤器：蛇形管排及管段、联箱、水联络管、联箱支座或吊杆、管排支吊铁件、防磨装置、管系支吊架的安装。

2.工作内容：

（1）组合支架及校管平台的搭拆，管子或管排在校管平台上画线、检查、校正，安装时管子的通球试验，联箱的检查、清理、画线，管子对口焊接、组合，组件的水压试验，组件或管排吊装、找正、固定以及安装后的整体外形尺寸的检查、调整。

（2）蛇形管排地面单排水压试验，表面式减温器抽芯检查、水压试验，混合式减温器的内部清理。

（3）组件起吊加固铁构件及桁架、水冷壁冷拉垫铁的制作、安装及拆除。

（4）炉膛四周、天棚管、穿墙管处铁件及密封铁板的密封焊接。

（5）膨胀指示器的安装及其支架的配制。

3.不包括膨胀指示器的制作（按设备供货考虑）。

（四）空气预热器安装：

1.工程范围：

（1）管式预热器本体（管箱）、框架、护板、伸缩节、连通箱及连接法兰、本体烟道挡板及其操作装置、防磨套管及密封结构的安装。

（2）选用回转式预热器时，另执行电力专业预算定额。

2.工作内容：

（1）管箱、框架及连通箱等的检查、组装、连接（螺栓或焊接）、吊装、找正、固定。

（2）管箱本体的渗油试验及一般性缺陷处理。

3.不包括管箱上防磨套管间的塑料浇灌工作（另见本册基价第五章炉墙砌筑有关子目）。

（五）本体管路系统安装：

1.工程范围：由制造厂定型设计并随炉供货的省煤器至汽包的给水管、事故放水管、再循环管、定期排污管、连续排污管、汽水取样管、加药管、联箱疏水和放水及冲洗管、放空气管、减温水管、启动加热管、安全门、水位计、汽水阀门及传动装置、法兰孔板、过滤器、取样冷却器、压力表等及其管路支吊架的安装。

2.工作内容：

（1）管子的揻弯、切割配制、坡口加工、对口焊接，管路及管路附件、阀门、支吊架的安装。

（2）阀门、安全门及水位计的检查、研磨、水压试验，取样冷却器检查及水压试验，脉冲安全门支架、取样冷却器水槽及支架的配制、安装。

（3）蒸汽吹灰器及振动吹灰器的安装、调整（包括管路、阀门及支吊架的安装）。

3.不包括的工作内容：
(1)重油或轻油点火管路、阀门及油枪的安装。
(2)安全门排气管、点火排气管及消声器的安装。
(3)制造厂供货的给水操作平台阀门及管件的安装。
(4)吹灰器管路的蒸汽吹洗。
(六)各种金属结构安装：
1.工程范围：钢架拉条、护板、框架、桁架、金属内外墙皮、密封条、联箱罩壳、炉顶罩壳、灰斗、连接烟、风道、省煤器支撑梁、各类门孔、炉墙零件(托砖架、瓦斯管等)及其他零星小件的安装。
2.工作内容：
(1)钢架拉条、护板及框架的校正、组合、安装。
(2)墙皮及罩壳框架的组合、安装、上墙皮及罩壳。
(3)灰斗及连接烟、风道的组合、安装。
(4)各类门孔及防爆门引出管的安装。
(5)组件加固铁构件的安装、拆除。
3.不包括下列工作内容：
(1)省煤器支撑梁的通风管制作、安装及支撑梁耐火塑料的浇灌(耐火塑料的浇灌见本册基价第五章炉墙砌筑有关子目)。
(2)炉墙砌筑用的小型铁件(炉墙拉钩、耐火塑料的挂钩)的安装。
(七)本体平台扶梯安装：
1.工程范围：锅炉本体所属平台、扶梯、栏杆及围板的安装。
2.工作内容：平台支撑、平台、扶梯的编号、组合、安装及焊接,全炉平台扶梯栏杆的工艺性校正。
3.不包括相邻锅炉之间及锅炉与主厂房之间的连接平台扶梯的安装。
(八)炉排安装：
1.工程范围：35t/h锅炉的炉排安装。
2.工作内容：炉排、传动机(包括轨道、风室、煤闸门及挡灰装置等)的检查、组合、安装、试运转及调整。
(九)燃烧装置安装：
1.工程范围及工作内容：煤粉燃烧器及其支架、托架、平衡装置的检查、组合、安装,点火油枪的检查、安装。
2.不包括燃油燃烧器的检查、组合、安装。
(十)除灰装置安装：
1.煤粉炉除灰设备安装的工程范围及工作内容：
(1)灰渣室：护板框架结构、除渣槽、除灰门、浇渣喷嘴、水封槽的检查、组合、安装。

(2)灰渣斗：碎渣机的检查、组合、安装。

2.链条炉除灰设备安装的工程范围及工作内容：马丁式碎渣机、螺旋输灰机的检查、安装。

(十一)水压试验：

1.工程范围：

(1)锅炉本体汽、水系统的水压试验。

(2)水压试验用临时管路的安装。

(3)水压试验前,进行一次0.2～0.3MPa的气压试验。

2.工作内容：

(1)临时上水、放水、升压、加药、加热管路的安装及拆除。

(2)上水、冲洗、汽、水系统的水压试验,加药保护,汽包材质对水温有特殊要求的炉水加热。

(3)水压试验后对水压中发现的一般缺陷处理。

(十二)本体油漆：

1.工程范围：钢架、各种结构、平台扶梯及金属外墙皮的油漆。

2.工作内容：表面清理,油漆调配,刷漆及喷漆。

(十三)风压试验：

1.工程范围：锅炉本体燃烧室及尾部烟道(包括空气预热器)的风压试验。

2.工作内容：

(1)试验前的准备工作,炉膛内部的清理检查,孔门封闭。

(2)风压试验。

(3)试验后的缺陷处理。

(十四)烘、煮炉及蒸汽严密性试验：

1.工程范围：

(1)砌砖炉墙的烘炉,中压锅炉的碱煮炉。

(2)点火、升压、蒸汽严密性试验,安全门调整。

2.工作内容：

(1)点火前的准备工作,烘炉燃料及煮炉药品的搬运。

(2)临时加药箱及管路、临时炉箅的制作、安装、拆除。

(3)烘炉测温及取样点的设置、检查。

(4)蠕胀测点及膨胀指示器的检查、调整、记录。

(5)点火前的水压试验。

(6)点火、烘炉、煮炉、换水冲洗、蒸汽严密性试验及安全门调整。
(7)停炉检修及缺陷消除工作。
3.不包括的工作内容：
(1)给水管路的冲洗，附属机械的静态、动态联动试验。
(2)锅炉配合蒸汽管路的冲洗工作。
(十五)中压锅炉机组压力是按8MPa以内考虑的，如压力8MPa以外应增加无损检验探伤人工、材料、机械，按下表规定执行。

人工、材料、机械调整系数表

子目名称	人工	机械	材料
水冷壁系统安装	0.10	0.47	0.47
过热器系统安装	0.10	0.49	0.49
省煤器系统安装	0.10	0.49	0.49
本体管路系统安装	0.10	1.20	1.20

注：1.材料：指基价中的软胶片、增感屏等21种探伤用材料消耗量乘以本表系数；
2.机械：指基价中的X光探伤机机械台班消耗量乘以本表系数；
3.人工：指基价中人工费合计乘以本表系数。

二、锅炉附属机械设备：
1.工作内容：
(1)基础验收、铲平、基础框架安装。
(2)设备开箱、清点、运搬、检查、安装、分部试运转。
(3)垫铁、定位销、对轮保护罩等的配制、安装。
(4)设备及金属表面油漆。
(5)配合二次灌浆。
2.凡基价中包括的配制工作，均已将配制所需主材计算在基价内。
3.未包括的工作内容：
(1)电动机的检查、干燥、电气检查、接线与空载试运转。
(2)整套设备的电气联锁试验。
(3)平台、扶梯、栏杆、基础框架及地脚螺栓的配制。
4.带有油循环系统的润滑油量，按设备供货考虑，未计入基价，但基价中已包括滤油损耗；无循环系统的轴承箱用油，已按正常装油量和分部试运转的消耗量包括在基价内。

5.不包括的费用:

(1)轴承等设备冷却水管、油管的主材费。

(2)电动机吸风筒的制作材料费。

(一)磨煤机安装:

1.钢球磨煤机安装的工程范围及工作内容:

(1)主轴承检修平台搭、拆,平台板、球面台板研磨及组装,传动机、减速机检查及组装,端盖与筒体组装,主轴承研刮、检查及水压试验。

(2)台板、罐体、大牙轮、传动机、减速机及电动机安装。

(3)筒体内钢瓦、出入口短管及密封装置的安装。

(4)罐体隔声罩、固定隔声罩、牙轮罩、平台、扶梯及栏杆的安装。

(5)油箱、油泵、滤油器、冷油器、随设备供应的油管路及附件清洗、检查、安装及油过滤。

(6)轴承冷却水管安装,二次灌浆后的复查,装钢球,二次紧钢瓦螺栓。

(7)主轴承二次刮瓦。

2.风扇磨煤机安装的工程范围及工作内容:

(1)轴承箱检修,机壳固定,风轮装配,电动机安装。

(2)油泵检修,冷油器水压试验及安装。

(3)伸缩节、煤粉分离器挡板调整及安装。

(4)轴承、冷油器的冷却水管安装。

3.中速磨煤机安装的工程范围及工作内容:

(1)减速机检查及组装。

(2)机座、磨盘、磨棍检查,弹簧装置及安装。

(3)减速机及电动机安装。

(4)煤粉分离器及附件安装。

4.不包括油管路酸洗(另见本基价第六册《工业管道工程》DBD 29-306-2020 有关章节)。

(二)给煤机安装:

1.工程范围及工作内容:

(1)电磁振动给煤机:给煤簸箕与电磁振动器组装。

(2)圆盘给煤机:减速机检查、组装,机体及电动机安装。

(3)刮板给煤机:减速机及刮板检查、组装,机体、减速机及电动机安装。

(4)皮带给煤机:皮带构架安装,前后滚筒、托辊、减速机及拉紧装置检查安装,皮带敷设及胶接,导煤槽、减速机及电动机安装。

（三）叶轮给粉机安装：
工程范围及工作内容：机体检查、组装及电动机安装。
（四）螺旋输粉机安装：
1.工程范围及工作内容：
（1）减速机检查组装，机体及转子安装，吊瓦研刮安装。
（2）减速机、电动机、落粉管、闸板及盖板安装。
2.输粉机整台子目系按长度10m考虑，实际长度不同时，可按螺旋输粉机长度调整。
（五）碎渣机安装：
工程范围及工作内容：
1.减速机检查，轴瓦研刮及组装。
2.机体、减速机、电动机、水灰箱、金属分离器及附件安装。
（六）离心式引、送、排粉风机安装
1.工程范围及工作内容：
（1）轴承检查、组装、轴承水室水压试验。
（2）叶轮装置、风壳、轴承、转子、喇叭口及电动机的安装，调整挡板检查及安装。
（3）冷却水管及电动机吸风筒安装，平台、扶梯及栏杆的安装。
（4）转子静平衡检查。
2.本基价也适用于烟气再循环风机的安装。
三、锅炉专用辅助设备：
1.工作内容：
（1）设备搬运、开箱、清点、检查、找正、加垫、组合、起吊、找正、焊接及固定。
（2）基础检查、画线、测量标高。
（3）垫铁制作及安装。
（4）就地一次仪表安装。
（5）设备水位表安装及水位计保护罩的制作、安装。
（6）配合二次灌浆。
2.锅炉辅助设备的子目中只包括安装工作，配制工作按有关子目另计。
3.不包括的工作内容：
（1）设备的周围平台、扶梯、栏杆、撑架及防雨罩的配制、组合、安装。
（2）设备的附件、支吊架、风门、人孔门等的配制。

(3)不随设备供货而与设备连接的各种管道的安装。

(4)设备保温及保温面的油漆。

(5)基础的二次灌浆。

4.一次仪表的表计、表管、玻璃管、阀门等均按设备成套供货考虑。

(一)烟、风、煤管道安装:

1.工程范围:各种管道、防爆门、人孔门、伸缩节、各种挡板闸门、锁气器、传动操作装置、木块及木屑分离器、配风箱、法兰、补偿器、混合器及支架等的安装。

2.工作内容:管道及支吊架的组合、焊接、安装,各种门类及操作装置的检查、安装及开度指示的校定,防磨罩壳的配制、安装,管道安装焊缝的渗油试验,烟、风、煤粉管道的风压试验及缺陷消除。

3.不包括的工作内容:

(1)烟、风、煤管道、附件及支架的配制。

(2)保温,保温面或金属面油漆。

(3)管道内部防腐衬里及防磨罩壳内混凝土或铸石板的砌筑。

(4)混凝土或砖烟、风道的砌筑。

(5)制粉系统的蒸汽消防管道安装。

(6)煤粉仓煤粉放空管道安装。

4.安装工程量以“t”为单位时,指管道、支吊架、操作装置及各种管件的质量,不包括安装用的焊条、垫片等消耗材料的质量。

5.方形、圆形、异型管道、配风箱及与管道一起配制的法兰,安装时不计施工损耗。无缝钢管、瓦斯管按设计质量加3.5%的施工损耗,管道连接用螺栓按设计数量加2%的施工损耗。

(二)测粉装置安装:

1.工程范围:标尺、绞车、滑轮、浮飘等手动测粉装置的安装。

2.工作内容:手摇绞车、粉位刻度标尺、滑轮组、浮飘及支吊架的安装,平台打洞,穿绳套管固定,钢丝绳结扣,浮飘高度的调整,标尺刻度标定,保险绳安装。

3.钢丝绳需用量及费用已计入基价。

4.本基价也适用于粉煤灰综合利用中的煤灰测量装置安装。

(三)煤粉分离器安装:

1.工程范围:设备本体、操作装置、防爆门及人孔门安装。

2.工作内容:设备检查,组合焊接,吊装就位、固定,调节挡板或套筒的调整,开度指示标定,人孔门加垫,防爆门加膜片。

3.不包括防爆门引出管及防雨罩的配制、安装。

（四）除尘器安装：

1.工程范围及工作内容：

（1）水膜式除尘器：金属外壳、进口短管的组装，淋水喷嘴、冲洗喷嘴、窥视孔、阀门、环形铁件、挡水板、导水槽、支架、防爆门、人孔门、生铁件、隔板及磁棒等的安装，水膜及漏风试验，试验后的缺陷消除。

（2）文丘里式除尘器：文丘里管、入口弯头、蜗壳及捕滴筒的组装，环行喷嘴、板喷嘴、冲洗喷嘴、窥视孔、阀门、环形管、挡水板、导水槽、支架、防爆门及人孔门的安装、水膜及漏风试验，试验后的缺陷消除。

（3）多管式除尘器：设备本体、芯子、框架、灰斗支撑梁、护板框架、上下搭板及密封铁板的组合安装。

（4）旋风子除尘器：蜗壳、分离筒、导烟管、顶盖、排灰筒及支座的组合安装。

（5）除尘器其他附件安装：灰斗下方的锁气器、导向挡板、落灰管及箱式冲灰器的组合安装。

2.不包括的工作内容：

（1）水膜式、文丘里式除尘器内衬的砌筑。

（2）混凝土或砖砌水膜式、文丘里式除尘器筒体的浇注或砌筑。

（3）多管式除尘器上下部密封填料的浇灌。

（4）旋风子除尘器内衬的灌砌。

（五）定期排污扩容器、连续排污扩容器、疏水扩容器安装：

1.工程范围：连续排污、定期排污及疏水扩容器本体及随本体供货的附件安装。

2.工作内容：

（1）基础画线，垫铁配制，本体吊装、固定。

（2）内部清理，孔盖加垫封闭，阀门、水位计研磨、检查及其他附件的安装、调整。

（六）排汽消声器安装：

1.工程范围及工作内容：多次转折型消声器及其支架的组合安装。

2.不包括消声器本体及支架的制作。

（七）暖风器安装：

1.工程范围：暖风器及附件安装。

2.工作内容：暖风器检修、水压试验、与框架组合、安装及密封。

3.不包括管路系统安装。

4.暖风器以只为单位（3～5只为一组）。

四、其他应注意的问题：

1.本体管路系统安装基价子目中未包括重油和轻油点火管路、阀门及油枪的安装，安全门排气管、点火排气管及消声器的安装，设备供货的给水操作平台阀门及管件的安装，如发生参照本基价第六册《工业管道工程》DBD 29-306-2020及本册其他章节相应基价子目。

2.省煤器支撑梁的通风管制作、安装参照本册其他章节相应基价子目。汽包安装的基价子目是按单汽包考虑,如为安装双汽包,基价乘以系数1.40。

3.空气预热器安装,管箱上防磨套管间的塑料浇灌参照本册相应基价子目计算。

4.支撑梁耐火塑料的浇灌参照本册相应基价子目计算。

5.相邻锅炉间及锅炉与厂房间的平台扶梯应另行计算。

6.燃油燃烧器的组合安装应另行计算。

7.锅炉酸洗按所需酸洗设备的容积VN(m^3以内)计算,参照本基价第五册《静置设备与工艺金属结构制作安装工程》DBD 29-305-2020中设备酸洗相应基价子目计算。

8.给水管路的冲洗,锅炉配合蒸汽管路的冲洗以及锅炉附属机械的静态、动态联动试验应另行计取。

9.工程内容中各部位的保温、油漆,参照本基价第十一册《刷油、防腐蚀、绝热工程》DBD 29-311-2020中的相应基价子目计算。

10.炉墙砌筑用的小型铁件(拉钩、挂钩)已含在筑炉基价子目中,不计算在各种金属结构范围内。

11.水压试验基价子目中已包括了水压试验前进行一次0.2～0.3MPa气压试验的费用及水压试验中发现的一般缺陷的处理。

12.风压试验后缺陷的处理已包括在基价子目中。

工程量计算规则

一、中压锅炉本体设备安装工程按设计图示质量或数量计算,按设备质量及型号执行相应基价。

二、钢结构安装按设计图示质量计算,炉型立柱为钢结构时其质量计算范围包括：燃烧室本体及尾部对流井的立柱、横梁、柱梁之间的连接铁件、斜撑、垂直拉条(小柱)、框架结构等。

三、汽包安装按设计图示数量计算,其质量计算范围包括：汽包本体、内部装置、汽包支座。

四、水冷系统安装,其质量计算范围包括：

1.水冷壁管、上下联箱、拉钩装置及组件。

2.侧水冷壁上联箱的支座或吊架组件。

3.前后水冷壁的中段和下联箱部位的冷拉装置。

4.降水管及支吊装置。

5.升汽管指水冷壁上联箱至汽包的导气管,并包括支吊装置。

五、过热器系统安装按设计图示质量计算,低温和高温过热器或前部和后部过热器包括：蛇形管排、进出口联箱、蒸汽连通管、表面式减温器或喷水减温器及减温器进出口管路和各个部位的支吊装置、梳形定位板、连接铁件等。

六、省煤器系统安装按设计图示质量计算,其质量计算范围包括蛇形管排、管夹、防磨铁、支吊架、进出口联箱及支座、出口联箱至汽包的给水管和吊架。凡区分低温和高温省煤器的,应包括低温段出口联箱至高温段进口联箱的连通管。

七、空气预热器管式安装按设计图示质量计算,其质量计算范围包括管箱及支座、护板、连通管、伸缩节及槽钢框架、涨力(或称Ω形密封条)沙封装置、管箱防磨套管。

八、本体管路系统安装按设计图示质量计算,由制造厂随本体设备供货部分,属本体管路,其范围包括：

1.事故放水管：由汽包接出至2只串联阀门止。

2.定期排污管：由水冷壁下联箱接出至2只串联阀门止。

3.连续排污管：由汽包接出至2只串联阀门止。

4.省煤器再循环管：由汽包至省煤器进口联箱及电动阀门和支吊架止。

5.疏、放水及冲洗管：从有关联箱接出至2只串联阀门止。

6.放空气管：由各放空气管接出至2只串联阀门止。

7.取样管：由各取样管接出至2只串联阀门止。其中不包括冷却器及中间管路、取样槽和支架安装。

8.水位计、安全门、点火排汽电动门的安装。

9.加药管路：从汽包接出至2只串联阀门止,其中包括逆止门安装。

10.蒸汽吹灰器：振动除灰器本身及吹灰管路和支吊架安装。不包括吹灰器管路的蒸汽吹洗。

11.就地表计和阀门安装。

九、各种金属结构安装按设计图示质量计算，其质量计算范围包括：

1.护板系指Π形布置的中压锅炉冷灰斗护板、斜烟道护板、炉膛与对流井连续的转折罩等。

2.框架系指浇制耐热混凝土墙的框架、斜炉顶框架、框架之间的密封铁板。

3.内外墙皮。

(1)内墙皮系指密封炉顶耐热混凝土与保温层之间的埋置金属板。

(2)外墙皮系指炉顶四周的金属板或波形板，以及与外墙皮连接的铁构件和各部位的埋置铁件、支撑等。

4.联箱罩壳包括各个联箱罩壳和构架及铁件。

5.炉顶罩壳包括炉顶盖板和构架及铁件。

6.灰斗包括Π形布置的斜烟道(对流过热器下部)的灰斗、对流井出口灰斗、内部平台和落灰管。

7.连接烟风道及支吊装置。

8.省煤器支撑梁(包括通风空心梁)。

9.各种门孔系指人孔、窥视孔、防爆门、防护短管、打焦孔、点火孔等。

10.锅炉炉墙铁件、拉钩、挂钩、吊钩、密封钢筋、钢板、炉墙钩钉、固定铁件等。

十、本体平台扶梯安装按设计图示质量计算，其质量计算范围包括：随锅炉本体供货范围的平台、扶梯、栏杆、围板等，不包括各种联络平台。

十一、炉排安装按设计图示数量计算，其质量计算范围包括：炉排、传动机、轨道、风室、煤闸门、挡灰装置、进煤斗、落煤管、炉排前侧封板、后部拉紧装置、前后拱金属结构、检修门孔等。

十二、燃烧装置安装按设计图示数量计算，其计算范围包括：密封箱体、煤粉燃烧器本体及支架、托架、平衡装置(滑轮、重锤)。

十三、除尘装置安装按设计图示质量计算，链条炉按设计图示数量计算，其计算范围包括：

1.煤粉炉包括：

(1)双向或单向水力排渣槽、护板框架结构、斜出灰槽、出灰门及操作机构、浇渣喷嘴系统、排渣槽水封、打渣门孔等。

(2)灰渣斗及格栅、水力碎渣机构、灰斗上部水封、双辊碎渣机等。

2.链条炉包括：马丁式碎渣机、螺旋输灰机。

十四、水压试验，风压试验，锅炉烘炉、煮炉、蒸汽严密性试验，本体油漆均按设计图示数量计算，包括：

1.水压试验：锅炉本体气、水系统的水压试验；水压试验用临时管路的安装；水压试验前，进行一次0.2～0.3MPa的气压试验。

2.风压试验：锅炉本体燃烧室及尾部烟道(包括空气预热器)的风压试验。

3.锅炉烘炉、煮炉、蒸汽严密性试验：砌砖炉墙的烘炉、中压锅炉的碱煮炉；点火、升压、蒸汽严密性试验，安全门调整。

十五、钢球磨煤机，风扇磨煤机，中速磨煤机，电磁振动式给煤机，圆盘式给煤机，叶轮给粉机，碎渣机，离心式引、送、排粉风机等均按设计图示数量计算。

十六、刮板式给煤机按设计图示数量计算。

十七、皮带式给煤机和螺旋输粉机按设计图示数量计算。

十八、凡设备有轴承冷却水管、油管等,应按设计用量另计主材费。凡电动机带有吸风管所需的配制主材,按设计用量另计主材费。凡随设备供货的油循环系统的润滑油量,如供货量不足需补充时,按补充量另计材料费。

十九、烟、风、煤管道安装按设计图示质量计算,其质量计算范围包括:

1.冷风道:从吸风口起算至送风机,再进空气预热器或暖风器入口,包括风道各部件,即吸风口滤网、人孔门、送风机出口闸板门、支吊架等。

2.热风道:

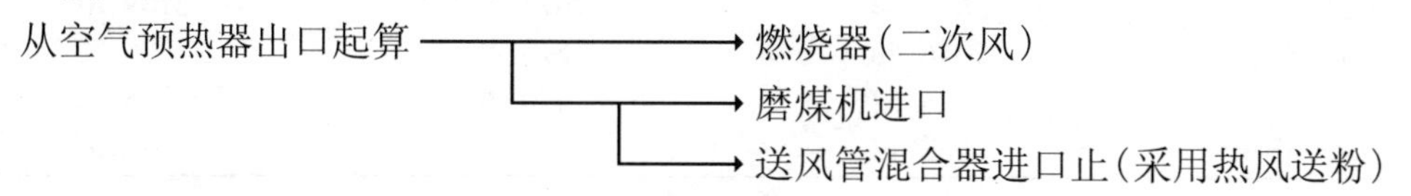

包括管道伸缩节、风门及挡板、操作装置、热风集箱、支吊架等。

3.制粉管道:

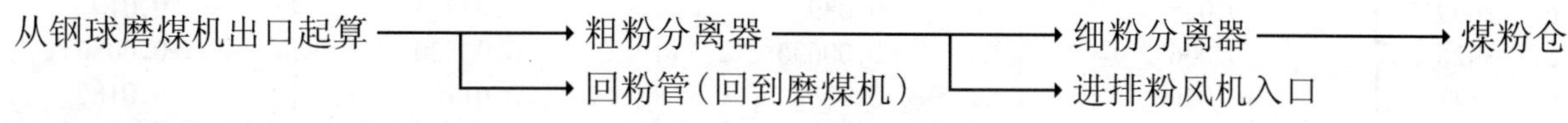

包括管道、伸缩节、锁气器、木屑分离器、吸潮管、挡板、防爆门、支吊架等。

4.送粉管道:

(1)热风送粉从混合器起算(给粉机出口)⟶燃烧器(二次风)。排粉风机送粉从出口起算⟶混合器⟶燃烧器(二次风)。排粉风机出口⟶燃烧器(三次风)。

(2)直吹式从中速磨煤机上部分离器出口起算⟶燃烧器(二次风)。包括管道、铸铁弯头、支吊架等。

5.烟道:

从空气预热器出口起算⟶除尘器⟶引风机⟶水泥或砖烟道。包括烟道、伸缩节、防爆门、人孔门、风畸出口闸板有旁路连接时,应一并计入烟道、支吊架工程量等。

6.原煤管道:

从原煤斗下部接口起算⟶给煤机⟶磨煤机进口,包括管道、煤闸门,遇有双曲线原煤管道应一并计入原煤管道工程量。原煤斗不论材质、制造均执行《天津市建筑工程预算基价》,按设计图示数量计算。

二十、测粉装置,煤粉分离器,定期、连续排污扩容器,疏水扩容器、排汽消声器、暖风器安装按设计图示数量计算。

二十一、水膜式、旋风子式、文丘里式除尘器安装按设计图示数量计算。多管式除尘器及除尘器附件安装按设计图示质量计算。

一、锅炉本体安装

1.钢结构安装

单位：t

编号				3-1	3-2	3-3	3-4
项目				链条炉(t/h)	煤粉炉(t/h)		
				35	35	75	130
预算基价	总价(元)			**3227.69**	**3622.04**	**2671.99**	**2139.61**
	人工费(元)			2015.55	2246.40	1575.45	1329.75
	材料费(元)			586.81	593.52	470.20	338.89
	机械费(元)			625.33	782.12	626.34	470.97
组成内容		单位	单价	数量			
人工	综合工	工日	135.00	14.93	16.64	11.67	9.85
材料	型钢	t	3699.72	0.038	0.039	0.047	0.019
	圆钢 *D*10～14	t	3926.88	0.00632	0.00630	0.00520	0.00865
	普碳钢板 Q195～Q235 δ4.5～7.0	t	3843.28	0.0260	0.0238	0.0170	0.0180
	花篮螺栓 M16×250	套	13.84	0.25	0.15	0.18	0.07
	道木 250×200×2500	根	452.90	0.31	0.27	0.15	0.13
	氧气	m^3	2.88	8.9	9.9	7.8	6.2
	乙炔气	kg	14.66	2.94	3.27	2.57	2.05
	电焊条 E4303	kg	7.59	9.20	12.41	7.20	5.61
	镀锌钢丝 *D*2.8～4.0	kg	6.91	2.01	2.20	1.50	0.70
	破布	kg	5.07	0.1	—	—	—
	煤油	kg	7.49	0.2	—	—	—
	麻绳	kg	9.28	0.1	—	—	—
	尼龙砂轮片 *D*100×16×3	片	3.92	1.17	1.63	0.88	0.89
	扒钉	kg	8.58	1.38	1.23	0.80	0.40
	零星材料费	元	—	5.81	5.88	4.66	3.36
机械	履带式起重机 15t	台班	759.77	0.45	0.49	0.41	0.27
	汽车式起重机 8t	台班	767.15	0.07	0.19	0.20	0.02
	载货汽车 8t	台班	521.59	0.06	0.05	0.05	0.08
	交流弧焊机 32kV•A	台班	87.97	1.96	1.62	0.86	0.97
	电焊条烘干箱 600×500×750	台班	27.16	0.20	0.27	0.15	0.15
	卷扬机 单筒慢速 30kN	台班	205.84	0.10	—	—	—
	卷扬机 单筒慢速 50kN	台班	211.29	—	0.03	0.05	0.02
	直流弧焊机 20kW	台班	75.06	—	1.09	0.60	0.52
	门座吊 30t	台班	543.55	—	—	—	0.14

2.汽 包 安 装

单位：套

编号				3-5	3-6	3-7
项目				煤粉炉(t/h)		
				35	75	130
预算基价	总价(元)			**12911.55**	**18492.55**	**19046.95**
	人工费(元)			9027.45	12434.85	13617.45
	材料费(元)			1212.75	1382.47	1380.55
	机械费(元)			2671.35	4675.23	4048.95
组成内容		单位	单价	数量		
人工	综合工	工日	135.00	66.87	92.11	100.87
材料	型钢	t	3699.72	0.02866	0.04811	0.04898
	普碳钢板 Q195～Q235 δ4.5～7.0	t	3843.28	0.0036	0.0041	0.0041
	石棉橡胶板 低压 δ0.8～6.0	kg	19.35	3.0	3.8	3.8
	石棉橡胶板 高压 δ0.5～8.0	kg	21.45	1.20	1.22	1.30
	橡胶板 δ1～3	kg	11.26	6.80	7.65	7.65
	酚醛调和漆	kg	10.67	0.65	0.65	1.00
	花篮螺栓 M16×250	套	13.84	2	3	2
	道木 250×200×2500	根	452.90	1.5	1.5	1.5
	氧气	m^3	2.88	14.5	19.0	19.3
	乙炔气	kg	14.66	4.79	6.27	6.37
	电焊条 E4303	kg	7.59	7.01	6.94	6.91

续前

单位：套

编号				3-5	3-6	3-7
项目				煤粉炉(t/h)		
				35	75	130
组成内容		单位	单价	数量		
材料	镀锌钢丝 $D2.8 \sim 4.0$	kg	6.91	2.4	5.8	5.9
	破布	kg	5.07	1.73	1.74	1.83
	铁砂布 0# ～2#	张	1.15	13	12	12
	黑铅粉	kg	0.44	1.5	1.5	1.5
	钢丝刷	把	6.20	2	2	2
机械	汽车式起重机 16t	台班	971.12	0.25	0.31	0.31
	载货汽车 5t	台班	443.55	0.30	0.45	0.50
	交流弧焊机 32kV·A	台班	87.97	4.86	4.73	5.10
	卷扬机 单筒慢速 30kN	台班	205.84	1.0	2.1	—
	卷扬机 单筒慢速 50kN	台班	211.29	1.25	2.60	3.00
	内燃空气压缩机 $6m^3$	台班	330.12	0.62	0.61	0.65
	轴流风机 7.5kW	台班	42.17	3.66	3.66	3.89
	电焊条烘干箱 600×500×750	台班	27.16	0.49	0.47	0.51
	履带式起重机 15t	台班	759.77	1.35	1.00	1.09
	履带式起重机 25t	台班	824.31	—	2	—
	门座吊 30t	台班	543.55	—	—	2.25

3.水冷系统安装

单位：t

编号				3-8	3-9	3-10	3-11
项目				链条炉(t/h)	煤粉炉(t/h)		
				35	35	75	130
预算基价	总价(元)			**8925.17**	**10359.27**	**9080.21**	**7461.25**
	人工费(元)			6241.05	7172.55	6376.05	5170.50
	材料费(元)			838.14	1272.19	1087.21	814.64
	机械费(元)			1845.98	1914.53	1616.95	1476.11
组成内容		**单位**	**单价**	**数量**			
人工	综合工	工日	135.00	46.23	53.13	47.23	38.30
材料	水	m^3	7.62	0.45	0.46	0.65	0.40
	电	kW•h	0.73	5.94	6.38	6.36	7.35
	型钢	t	3699.72	0.0345	0.0975	0.0918	0.0350
	热轧一般无缝钢管（综合）	t	4558.50	0.00222	0.00221	0.00334	0.00224
	普碳钢板 Q195～Q235 δ2.6～3.2	t	3953.25	0.01370	0.01580	0.00695	0.02570
	花篮螺栓 M16×250	套	13.84	0.26	0.53	0.25	0.17
	双头精制带帽螺栓 M16×(100～125)	套	2.32	3	3	3	1
	紫铜管 *D*4～13	kg	94.65	0.27	0.27	0.12	0.12
	道木 250×200×2500	根	452.90	0.08	0.20	0.13	0.08
	X射线胶片 80×300	张	4.14	17.60	18.14	14.94	11.84
	医用输血胶管 *D*8	m	4.40	0.85	0.88	0.72	0.57
	阿拉伯铅号码	套	38.63	0.56	0.57	0.47	0.38
	白漆	kg	17.58	0.18	0.18	0.15	0.12
	像质计	个	30.72	0.85	0.88	0.72	0.57
	贴片磁铁	副	2.18	0.34	0.35	0.29	0.23
	铅板 80×300×3	块	19.19	0.56	0.57	0.47	0.38
	压敏胶粘带	m	1.58	10.12	10.43	8.59	6.81
	塑料暗袋 80×300	副	3.85	0.85	0.88	0.72	0.57
	氧气	m^3	2.88	14.8	19.9	18.1	13.9
	乙炔气	kg	14.66	5.62	7.56	6.88	5.28
	电焊条 E4303	kg	7.59	9.4	11.3	9.9	16.5
	气焊条 *D*<2	kg	7.96	0.07	0.07	0.06	0.04
	镀锌钢丝 *D*2.8～4.0	kg	6.91	4.34	4.58	5.87	2.38
	破布	kg	5.07	0.25	0.26	0.25	0.08
	铁砂布 0# ～2#	张	1.15	4.58	4.67	3.84	1.01
	麻绳	kg	9.28	0.69	0.57	0.47	0.26
	尼龙砂轮片 *D*100×16×3	片	3.92	3.16	3.60	3.46	4.07

续前 **单位：t**

编号				3-8	3-9	3-10	3-11
项目				链条炉(t/h)	煤粉炉(t/h)		
				35	35	75	130
组成内容		**单位**	**单价**	**数量**			
材料	锯条	根	0.42	5	5	4	4
	增感屏 80×300	副	14.39	0.88	0.91	0.75	0.59
	硫代硫酸钠	kg	20.65	0.30360	0.31292	0.25772	0.20424
	米吐尔	kg	230.67	0.00186	0.00192	0.00158	0.00125
	无水亚硫酸钠	kg	21.68	0.07970	0.08414	0.06765	0.05362
	对苯二酚	kg	34.84	0.00742	0.00765	0.00630	0.00499
	溴化钾	kg	48.11	0.00337	0.00348	0.00286	0.00227
	冰醋酸 98%	kg	2.08	31.62	32.59	26.84	21.27
	硼酸	kg	11.68	0.00949	0.00978	0.00806	0.00638
	硫酸铝钾	kg	231.75	0.01898	0.01956	0.01611	0.01277
	无水碳酸钠	kg	21.29	0.04048	0.04172	0.03436	0.02723
	医用白胶布	m^2	29.25	0.18	0.18	0.15	0.12
	英文铅号码	套	84.46	0.56	0.57	0.47	0.38
	氩气	m^3	18.60	—	1.74	1.50	0.54
	氩弧焊丝	kg	11.10	—	0.39	0.33	0.12
	钍钨棒	kg	640.87	—	0.039	0.033	0.012
	零星材料费	元	—	8.30	12.60	10.76	8.07
机械	履带式起重机 15t	台班	759.77	0.60	0.68	0.57	0.49
	交流弧焊机 32kV·A	台班	87.97	4.06	2.00	2.76	2.36
	直流弧焊机 20kW	台班	75.06	1.20	4.00	3.00	4.43
	卷扬机 单筒慢速 30kN	台班	205.84	0.20	0.56	0.17	0.05
	内燃空气压缩机 $6m^3$	台班	330.12	0.44	0.44	0.48	0.39
	试压泵 60MPa	台班	24.94	0.07	0.07	0.06	0.06
	X射线探伤机 TX-2505	台班	61.77	2.38	2.46	2.02	1.60
	普通车床 400×1000	台班	205.13	0.02	0.20	0.17	0.04
	立式钻床 *D*25	台班	6.78	0.1	0.1	0.1	—
	电焊条烘干箱 600×500×750	台班	27.16	0.53	0.60	0.58	0.68
	汽车式起重机 8t	台班	767.15	0.57	0.40	0.30	—
	载货汽车 5t	台班	443.55	—	0.28	0.21	0.24
	载货汽车 8t	台班	521.59	0.29	—	—	0.12
	空气锤 150kg	台班	263.27	—	0.07	—	—
	空气锤 400kg	台班	359.78	—	—	0.06	0.01
	门座吊 30t	台班	543.55	—	—	—	0.23

4.过热系统安装

单位：t

编号				3-12	3-13	3-14	3-15
项目				链条炉(t/h)	煤粉炉(t/h)		
				35	35	75	130
预算基价	总价(元)			**5132.04**	**6478.88**	**4797.48**	**4977.40**
	人工费(元)			3861.00	4932.90	3523.50	3709.80
	材料费(元)			594.96	716.35	534.10	538.13
	机械费(元)			676.08	829.63	739.88	729.47
组成内容		**单位**	**单价**	**数量**			
人工	综合工	工日	135.00	28.60	36.54	26.10	27.48
材料	水	m^3	7.62	0.13	0.17	0.10	0.12
	电	kW•h	0.73	0.63	0.83	0.50	0.59
	型钢	t	3699.72	0.0220	0.0223	0.0173	0.0149
	热轧一般无缝钢管（综合）	t	4558.50	0.00270	0.00234	0.00206	0.00200
	普碳钢板 Q195～Q235 δ4.5～7.0	t	3843.28	0.00595	0.00588	0.00465	0.00070
	石棉橡胶板 高压 δ0.5～8.0	kg	21.45	0.31	0.38	0.13	—
	花篮螺栓 M16×250	套	13.84	0.15	0.19	0.08	0.02
	双头精制带帽螺栓 M16×(100～125)	套	2.32	1.1	1.5	1.0	1.0
	紫铜管 *D*4～13	kg	94.65	0.12	0.14	0.12	0.09
	医用输血胶管 *D*8	m	4.40	0.48	0.64	0.39	0.46
	阿拉伯铅号码	套	38.63	0.32	0.42	0.25	0.30
	白漆	kg	17.58	0.10	0.13	0.08	0.09
	像质计	个	30.72	0.48	0.64	0.39	0.46
	贴片磁铁	副	2.18	0.19	0.26	0.15	0.18
	铅板 80×300×3	块	19.19	0.32	0.42	0.25	0.30
	压敏胶粘带	m	1.58	5.76	7.66	4.58	5.45
	塑料暗袋 80×300	副	3.85	0.48	0.64	0.39	0.46
	道木 250×200×2500	根	452.90	0.18	0.19	0.09	0.02
	X射线胶片 80×300	张	4.14	10.02	13.32	7.97	9.48

续前

单位：t

编号				3-12	3-13	3-14	3-15
项目				链条炉(t/h)	煤粉炉(t/h)		
				35	35	75	130
组成内容		**单位**	**单价**	**数量**			
材料	氧气	m^3	2.88	11.6	16.9	10.0	10.4
	乙炔气	kg	14.66	4.41	6.42	3.80	3.95
	电焊条 E4303	kg	7.59	3.30	4.00	3.11	2.62
	气焊条 $D<2$	kg	7.96	1.26	1.64	0.68	0.84
	氩气	m^3	18.60	1.00	1.00	0.59	0.74
	氩弧焊丝	kg	11.10	0.22	0.22	0.13	0.17
	钍钨棒	kg	640.87	0.022	0.022	0.013	0.016
	镀锌钢丝 $D2.8\sim4.0$	kg	6.91	1.79	1.87	2.59	1.76
	破布	kg	5.07	0.12	0.12	0.10	0.10
	铁砂布 0#～2#	张	1.15	3.07	4.01	2.35	2.65
	麻绳	kg	9.28	0.2	0.2	0.1	0.1
	增感屏 80×300	副	14.39	0.50	0.67	0.40	0.47
	硫代硫酸钠	kg	20.65	0.17285	0.22977	0.13748	0.16353
	米吐尔	kg	230.67	0.00106	0.00141	0.00084	0.00100
	无水亚硫酸钠	kg	21.68	0.04537	0.06032	0.03909	0.04293
	对苯二酚	kg	34.84	0.00423	0.00562	0.00336	0.00400
	溴化钾	kg	48.11	0.00192	0.00255	0.00153	0.00182
	冰醋酸 98%	kg	2.08	18.00	23.93	14.32	17.03
	硼酸	kg	11.68	0.00540	0.00718	0.00430	0.00511
	硫酸铝钾	kg	231.75	0.01081	0.01436	0.00859	0.01022
	无水碳酸钠	kg	21.29	0.02305	0.03064	0.01833	0.02180
	医用白胶布	m^2	29.25	0.10	0.13	0.08	0.09
	英文铅号码	套	84.46	0.32	0.42	0.25	0.30
	尼龙砂轮片 $D100\times16\times3$	片	3.92	0.78	0.90	1.08	1.08
	扒钉	kg	8.58	0.53	0.51	0.40	0.34

续前

单位：t

编号				3-12	3-13	3-14	3-15
项目				链条炉(t/h)	煤粉炉(t/h)		
				35	35	75	130
组成内容		**单位**	**单价**	**数量**			
材料	石棉扭绳 $D4\sim5$	kg	18.59	—	—	0.61	0.88
	镍铬电阻丝 $D3.2$	kg	172.23	—	—	0.18	0.20
	石棉布	kg	27.50	—	—	1.26	1.72
	低合金钢耐热电焊条（综合）	kg	21.81	—	—	—	0.88
	零星材料费	元	—	5.89	7.09	5.29	5.33
机械	履带式起重机 15t	台班	759.77	0.19	0.24	0.28	0.31
	汽车式起重机 8t	台班	767.15	0.14	0.17	0.09	—
	载货汽车 5t	台班	443.55	—	—	0.06	0.06
	载货汽车 8t	台班	521.59	0.07	0.07	—	—
	卷扬机 单筒慢速 30kN	台班	205.84	0.46	0.56	0.41	—
	电动葫芦 单速 2t	台班	31.60	0.61	0.21	0.37	—
	普通车床 400×1000	台班	205.13	0.03	—	—	0.04
	交流弧焊机 32kV·A	台班	87.97	1.26	1.52	0.53	0.52
	内燃空气压缩机 $6m^3$	台班	330.12	0.18	0.28	0.24	0.26
	空气锤 150kg	台班	263.27	0.03	0.03	0.03	0.03
	试压泵 60MPa	台班	24.94	0.08	0.09	0.03	0.24
	X射线探伤机 TX-2505	台班	61.77	1.36	1.80	1.08	1.28
	电焊条烘干箱 600×500×750	台班	27.16	0.13	0.15	0.18	0.18
	普通车床 630×1400	台班	230.05	—	0.03	0.04	—
	直流弧焊机 20kW	台班	75.06	—	—	1.24	1.28
	自控热处理机	台班	207.91	—	—	0.13	0.18
	卷扬机 单筒慢速 50kN	台班	211.29	—	—	—	0.12
	电动葫芦 单速 3t	台班	33.90	—	—	—	0.42
	门座吊 30t	台班	543.55	—	—	—	0.1
	牛头刨床 650	台班	226.12	—	—	—	0.01

5.省煤器安装

单位：t

编号				3-16	3-17	3-18	3-19
项目				链条炉(t/h)	煤粉炉(t/h)		
				35	35	75	130
预算基价	总价(元)			**3704.12**	**5888.73**	**3761.78**	**5395.65**
	人工费(元)			2608.20	4310.55	2782.35	3948.75
	材料费(元)			408.86	588.58	351.46	631.81
	机械费(元)			687.06	989.60	627.97	815.09
组成内容		**单位**	**单价**	**数量**			
人工	综合工	工日	135.00	19.32	31.93	20.61	29.25
材料	水	m^3	7.62	0.24	0.31	0.33	0.32
	电	kW•h	0.73	0.28	0.50	0.33	0.47
	型钢	t	3699.72	0.01040	0.01388	0.01200	0.02520
	热轧一般无缝钢管（综合）	t	4558.50	0.00319	0.00685	0.00095	0.00010
	普碳钢板 Q195～Q235 δ8～20	t	3843.31	0.00745	0.01622	0.00440	0.02270
	石棉橡胶板 高压 δ0.5～8.0	kg	21.45	0.10	0.14	0.07	0.08
	酚醛调和漆	kg	10.67	0.06	0.13	0.05	0.08
	花篮螺栓 M16×250	套	13.84	0.23	0.51	0.19	0.33
	双头精制带帽螺栓 M16×(100～125)	套	2.32	0.3	0.3	0.4	1.3
	紫铜管 D4～13	kg	94.65	0.10	0.10	0.05	0.10
	医用输血胶管 D8	m	4.40	0.22	0.39	0.26	0.37
	阿拉伯铅号码	套	38.63	0.14	0.25	0.17	0.24
	白漆	kg	17.58	0.05	0.08	0.05	0.08
	像质计	个	30.72	0.22	0.39	0.26	0.37
	贴片磁铁	副	2.18	0.09	0.15	0.10	0.15
	铅板 80×300×3	块	19.19	0.14	0.25	0.17	0.24
	压敏胶粘带	m	1.58	2.58	4.59	3.08	4.34
	塑料暗袋 80×300	副	3.85	0.22	0.39	0.26	0.37
	道木 250×200×2500	根	452.90	0.23	0.15	0.07	0.23
	X射线胶片 80×300	张	4.14	4.49	7.99	5.35	7.55
	氧气	m^3	2.88	8.57	12.99	10.54	12.41
	乙炔气	kg	14.66	3.26	4.94	4.01	4.72
	电焊条 E4303	kg	7.59	3.18	6.44	3.32	5.51
	气焊条 D<2	kg	7.96	0.16	0.16	0.36	1.05
	氩气	m^3	18.60	0.29	0.53	0.34	0.21
	氩弧焊丝	kg	11.10	0.06	0.11	0.07	0.05
	钍钨棒	kg	640.87	0.008	0.014	0.009	0.005

续前 单位：t

编号				3-16	3-17	3-18	3-19
项目				链条炉(t/h)	煤粉炉(t/h)		
				35	35	75	130
组成内容		单位	单价	数量			
材料	镀锌钢丝 $D2.8\sim4.0$	kg	6.91	1.07	2.20	1.04	1.56
	破布	kg	5.07	0.09	0.18	0.05	0.14
	铁砂布 $0^{\#}\sim2^{\#}$	张	1.15	1.26	2.18	1.54	4.46
	增感屏 80×300	副	14.39	0.23	0.40	0.27	0.38
	硫代硫酸钠	kg	20.65	0.07745	0.13783	0.09229	0.13024
	米吐尔	kg	230.67	0.00048	0.00085	0.00057	0.00080
	无水亚硫酸钠	kg	21.68	0.02033	0.03618	0.02432	0.03419
	对苯二酚	kg	34.84	0.00189	0.00337	0.00226	0.00318
	溴化钾	kg	48.11	0.00086	0.00153	0.00103	0.00145
	冰醋酸 98%	kg	2.08	8.07	14.36	9.61	13.57
	硼酸	kg	11.68	0.00242	0.00431	0.00289	0.00407
	硫酸铝钾	kg	231.75	0.00484	0.00862	0.00577	0.00850
	无水碳酸钠	kg	21.29	0.01033	0.01838	0.01231	0.01737
	医用白胶布	m^2	29.25	0.05	0.08	0.05	0.08
	英文铅号码	套	84.46	0.14	0.25	0.17	0.24
	尼龙砂轮片 $D100\times16\times3$	片	3.92	0.87	1.74	1.05	1.50
	扒钉	kg	8.58	0.19	0.33	0.24	0.25
	零星材料费	元	—	4.05	5.83	3.48	6.26
机械	履带式起重机 15t	台班	759.77	0.33	0.43	0.35	0.30
	汽车式起重机 8t	台班	767.15	0.12	—	—	—
	载货汽车 5t	台班	443.55	0.10	0.10	—	0.10
	交流弧焊机 32kV·A	台班	87.97	1.45	2.92	1.73	2.48
	电动葫芦 单速 2t	台班	31.60	0.29	0.37	0.24	0.14
	内燃空气压缩机 $6m^3$	台班	330.12	0.33	0.63	0.27	0.35
	试压泵 60MPa	台班	24.94	0.31	0.53	0.17	0.28
	X射线探伤机 TX-2505	台班	61.77	0.61	1.08	0.73	1.02
	普通车床 400×1000	台班	205.13	0.02	—	0.02	0.03
	立式钻床 $D25$	台班	6.78	0.1	0.1	0.1	—
	电焊条烘干箱 600×500×750	台班	27.16	0.15	0.29	0.17	0.25
	卷扬机 单筒慢速 30kN	台班	205.84	—	0.26	—	—
	载货汽车 8t	台班	521.59	—	—	0.1	0.1
	牛头刨床 650	台班	226.12	—	—	0.01	0.02
	门座吊 30t	台班	543.55	—	—	—	0.11
	空气锤 150kg	台班	263.27	—	—	—	0.02

6.空气预热器安装(管式)

单位：t

编号				3-20	3-21	3-22	3-23
项目				链条炉(t/h)	煤粉炉(t/h)		
				35	35	75	130
预算基价	总价(元)			**2064.74**	**1195.56**	**1177.43**	**1091.44**
	人工费(元)			1424.25	797.85	726.30	638.55
	材料费(元)			215.20	113.59	127.00	101.58
	机械费(元)			425.29	284.12	324.13	351.31
组成内容		单位	单价	数量			
人工	综合工	工日	135.00	10.55	5.91	5.38	4.73
材料	型钢	t	3699.72	0.00368	0.00416	0.00393	0.00275
	普碳钢板 Q195～Q235 δ4.5～7.0	t	3843.28	0.00632	0.00222	0.00255	0.00223
	花篮螺栓 M16×250	套	13.84	0.10	0.05	—	0.02
	道木 250×200×2500	根	452.90	0.12	0.02	0.04	0.03
	圆钢 D5.5～9.0	t	3896.14	0.00120	0.00058	0.00028	0.00010
	石棉扭绳 D4～5	kg	18.59	0.10	0.25	0.45	0.24
	氧气	m^3	2.88	6.45	3.55	3.95	2.55
	乙炔气	kg	14.66	2.45	1.35	1.50	0.97
	电焊条 E4303	kg	7.59	6.31	4.81	4.36	4.23
	气焊条 D<2	kg	7.96	0.24	0.08	0.10	0.10
	镀锌钢丝 D2.8～4.0	kg	6.91	0.55	0.41	0.45	0.75
	铅油	kg	11.17	0.43	0.17	0.31	0.31
	零星材料费	元	—	2.13	1.12	1.26	1.01
机械	履带式起重机 15t	台班	759.77	0.24	0.15	0.25	0.13
	汽车式起重机 8t	台班	767.15	0.04	0.03	0.02	0.03
	载货汽车 5t	台班	443.55	0.10	0.06	0.05	0.06
	交流弧焊机 32kV•A	台班	87.97	1.85	1.33	1.02	1.75
	电焊条烘干箱 600×500×750	台班	27.16	0.19	0.13	0.10	0.18
	卷扬机 单筒慢速 50kN	台班	211.29	—	—	0.02	0.08
	门座吊 30t	台班	543.55	—	—	—	0.05

7.本体管路系统安装、吹灰器管路吹洗

编号				3-24	3-25	3-26	3-27	3-28
项目				链条炉(t/h)	煤粉炉(t/h)			吹灰器管路吹洗
				35 (t)	35 (t)	75 (t)	130 (t)	(台)
预算基价	总价(元)			**13226.36**	**13496.36**	**12162.08**	**11464.03**	**184.30**
	人工费(元)			10535.40	10805.40	9607.95	9009.90	164.70
	材料费(元)			1392.94	1392.94	1127.76	1162.64	10.67
	机械费(元)			1298.02	1298.02	1426.37	1291.49	8.93
组成内容		**单位**	**单价**	**数量**				
人工	综合工	工日	135.00	78.04	80.04	71.17	66.74	1.22
材料	蒸汽	t	—	—	—	—	—	(0.7)
	水	m^3	7.62	0.11	0.11	0.08	0.09	—
	电	kW•h	0.73	27.94	27.94	61.74	32.40	—
	型钢	t	3699.72	0.1270	0.1270	0.0644	0.0988	—
	石棉橡胶板 高压 δ0.5~8.0	kg	21.45	1.19	1.19	0.35	0.45	—
	酚醛调和漆	kg	10.67	0.25	0.25	0.27	0.21	—
	精制六角带帽螺栓 M6×30	套	0.20	20	20	—	—	—
	石棉扭绳 D4~5	kg	18.59	1.19	1.19	0.71	0.63	—
	木柴	kg	1.03	10.6	10.6	10.0	9.0	—
	砂子	t	87.03	0.11	0.11	0.10	0.09	—
	医用输血胶管 D8	m	4.40	0.44	0.44	0.32	0.37	—
	阿拉伯铅号码	套	38.63	0.29	0.29	0.21	0.24	—
	白漆	kg	17.58	0.09	0.09	0.07	0.08	—
	像质计	个	30.72	0.44	0.44	0.32	0.37	—
	贴片磁铁	副	2.18	0.17	0.17	0.13	0.15	—
	铅板 80×300×3	块	19.19	0.29	0.29	0.21	0.24	—
	压敏胶粘带	m	1.58	5.17	5.17	3.75	4.34	—
	塑料暗袋 80×300	副	3.85	0.44	0.44	0.32	0.37	—
	油浸石棉盘根 D6~10 250℃编制	kg	31.14	0.79	0.79	0.77	0.60	—
	金属齿形垫（综合）	片	63.17	0.3	0.3	0.8	0.7	—
	焦炭	kg	1.25	40	40	38	—	—
	X射线胶片 80×300	张	4.14	8.99	8.99	6.53	7.55	—

续前

编号				3-24	3-25	3-26	3-27	3-28
项目				链条炉(t/h)	煤粉炉(t/h)			吹灰器管路吹洗
				35 (t)	35 (t)	75 (t)	130 (t)	(台)
组成内容		单位	单价	数量				
材料	氧气	m^3	2.88	30.40	30.40	19.80	21.40	0.05
	乙炔气	kg	14.66	11.55	11.55	7.52	8.13	0.03
	电焊条 E4303	kg	7.59	10.60	10.60	17.10	14.30	0.12
	气焊条 $D<2$	kg	7.96	3.42	3.42	1.78	2.35	—
	铬不锈钢电焊条	kg	30.93	0.55	0.55	0.37	0.21	—
	氩气	m^3	18.60	1.70	1.70	1.00	1.55	—
	氩弧焊丝	kg	11.10	0.38	0.38	0.22	0.34	—
	钍钨棒	kg	640.87	0.038	0.038	0.022	0.034	—
	镀锌钢丝 $D2.8 \sim 4.0$	kg	6.91	4.51	4.51	2.78	3.68	0.12
	破布	kg	5.07	1.64	1.64	1.22	0.99	—
	铁砂布 0#～2#	张	1.15	6.12	6.12	6.15	4.60	—
	石棉布	kg	27.50	1.10	1.10	1.54	0.98	—
	黄干油	kg	15.77	0.29	0.29	—	—	—
	机油 5#～7#	kg	7.21	0.78	0.78	0.70	0.57	—
	煤油	kg	7.49	1.64	1.64	1.24	1.03	—
	增感屏 80×300	副	14.39	0.45	0.45	0.33	0.38	—
	硫代硫酸钠	kg	20.65	0.15508	0.15508	0.11264	0.13024	—
	米吐尔	kg	230.67	0.00095	0.00095	0.00069	0.00080	—
	无水亚硫酸钠	kg	21.68	0.04071	0.04071	0.02957	0.03419	—
	对苯二酚	kg	34.84	0.00379	0.00379	0.00275	0.00318	—
	溴化钾	kg	48.11	0.00172	0.00172	0.00125	0.00145	—
	冰醋酸 98%	kg	2.08	16.15	16.15	11.73	13.57	—
	硼酸	kg	11.68	0.00485	0.00485	0.00352	0.00407	—
	硫酸铝钾	kg	231.75	0.00969	0.00969	0.00704	0.00814	—
	无水碳酸钠	kg	21.29	0.02068	0.02068	0.01502	0.01737	—
	医用白胶布	m^2	29.25	0.09	0.09	0.07	0.08	—
	英文铅号码	套	84.46	0.29	0.29	0.21	0.24	—

续前

编号				3-24	3-25	3-26	3-27	3-28
项目				链条炉(t/h)	煤粉炉(t/h)			吹灰器管路吹洗（台）
				35（t）	35（t）	75（t）	130（t）	
组成内容		单位	单价	数量				
材料	尼龙砂轮片 *D*100×16×3	片	3.92	2.81	2.81	3.49	3.01	—
	锯条	根	0.42	28.50	28.50	25.08	20.60	—
	精制六角带帽螺栓 M8×30	套	0.38	—	—	20	20	—
	裸铜线 120mm^2	kg	54.36	—	—	1.36	0.98	—
	麻绳	kg	9.28	—	—	0.22	0.25	—
	热轧一般无缝钢管（综合）	t	4558.50	—	—	—	—	0.00084
	普碳钢板 Q195～Q235 δ8～20	t	3843.31	—	—	—	—	0.00042
	石棉橡胶板 低压 δ0.8～6.0	kg	19.35	—	—	—	—	0.03
	双头精制带帽螺栓 M16×(100～125)	套	2.32	—	—	—	—	1
	零星材料费	元	—	13.79	13.79	11.17	11.51	—
机械	履带式起重机 15t	台班	759.77	0.14	0.14	0.24	0.19	—
	汽车式起重机 8t	台班	767.15	0.09	0.09	0.27	—	—
	载货汽车 5t	台班	443.55	0.14	0.14	0.19	0.19	—
	交流弧焊机 32kV·A	台班	87.97	4.68	4.68	5.81	5.02	0.10
	直流弧焊机 20kW	台班	75.06	0.32	0.32	0.30	0.30	—
	卷扬机 单筒慢速 30kN	台班	205.84	0.21	0.21	0.22	0.04	—
	电动葫芦 单速 3t	台班	33.90	0.47	0.47	1.20	0.96	—
	内燃空气压缩机 6m^3	台班	330.12	1.16	1.16	0.37	0.45	—
	试压泵 60MPa	台班	24.94	0.50	0.50	0.82	0.56	—
	X射线探伤机 TX-2505	台班	61.77	1.22	1.22	0.88	1.02	—
	普通车床 400×1000	台班	205.13	0.35	0.35	0.45	0.50	—
	立式钻床 *D*25	台班	6.78	0.50	0.50	0.50	0.50	0.02
	坡口机 2.8kW	台班	32.84	0.11	0.11	0.18	0.31	—
	鼓风机 18m^3	台班	41.24	0.08	0.08	—	—	—
	电焊条烘干箱 600×500×750	台班	27.16	0.47	0.47	0.58	0.50	—
	自控热处理机	台班	207.91	—	—	0.09	0.06	—
	门座吊 30t	台班	543.55	—	—	—	0.35	—

8.各种金属结构安装

单位：t

编号				3-29	3-30	3-31	3-32
项目				链条炉(t/h)	煤粉炉(t/h)		
				35	35	75	130
预算基价	总价(元)			**3767.39**	**3486.03**	**3406.82**	**3461.25**
	人工费(元)			2632.50	2513.70	2446.20	2319.30
	材料费(元)			392.39	336.19	332.76	399.48
	机械费(元)			742.50	636.14	627.86	742.47
组成内容		**单位**	**单价**	**数量**			
人工	综合工	工日	135.00	19.50	18.62	18.12	17.18
材料	型钢	t	3699.72	0.00851	0.00733	0.01941	0.02729
	圆钢 $D10\sim14$	t	3926.88	0.00118	0.00085	—	—
	普碳钢板 Q195～Q235 $\delta4.5\sim7.0$	t	3843.28	0.00660	0.00450	0.01310	0.00550
	花篮螺栓 M16×250	套	13.84	0.33	0.49	0.18	0.46
	石棉扭绳 $D4\sim5$	kg	18.59	1.20	1.47	0.43	0.76
	道木 250×200×2500	根	452.90	0.06	0.08	0.03	0.14
	氧气	m^3	2.88	12.55	10.17	10.09	11.39
	乙炔气	kg	14.66	4.14	3.36	3.33	3.76
	电焊条 E4303	kg	7.59	19.82	14.00	11.61	10.96
	镀锌钢丝 $D2.8\sim4.0$	kg	6.91	1.86	1.96	1.80	1.50
	铅油	kg	11.17	1.15	1.47	0.43	0.72
	零星材料费	元	—	3.89	3.33	3.29	3.96
机械	履带式起重机 15t	台班	759.77	0.26	0.27	0.12	0.35
	汽车式起重机 8t	台班	767.15	0.02	0.04	0.06	—
	载货汽车 5t	台班	443.55	0.04	0.06	0.06	0.12
	卷扬机 单筒慢速 30kN	台班	205.84	0.27	—	—	—
	交流弧焊机 32kV·A	台班	87.97	4.91	3.54	3.66	2.83
	电动葫芦 单速 2t	台班	31.60	0.35	0.40	0.30	0.50
	电焊条烘干箱 600×500×750	台班	27.16	0.49	0.35	0.37	0.28
	卷扬机 单筒慢速 50kN	台班	211.29	—	0.19	0.58	0.20
	门座吊 30t	台班	543.55	—	—	—	0.20

9.本体平台扶梯安装

单位：t

编号				3-33	3-34	3-35	3-36
项目				链条炉(t/h)	煤粉炉(t/h)		
				35	35	75	130
预算基价	总价(元)			**4196.69**	**3972.65**	**3939.27**	**4050.76**
	人工费(元)			2947.05	2775.60	2706.75	2582.55
	材料费(元)			466.41	414.29	385.51	425.13
	机械费(元)			783.23	782.76	847.01	1043.08
组成内容		单位	单价	数量			
人工	综合工	工日	135.00	21.83	20.56	20.05	19.13
材料	型钢	t	3699.72	0.00758	0.00776	0.00770	0.00926
	圆钢 $D10\sim14$	t	3926.88	0.00125	0.00072	0.00107	0.00158
	普碳钢板 Q195～Q235 $\delta4.5\sim7.0$	t	3843.28	0.01021	0.01011	0.01027	0.01000
	道木 250×200×2500	根	452.90	0.10	0.06	—	0.06
	电	kW•h	0.73	2.75	2.52	2.43	3.02
	镀锌钢管 $DN25$	m	12.56	5.08	3.88	4.00	4.29
	氧气	m^3	2.88	19.07	17.51	17.08	15.41
	乙炔气	kg	14.66	7.25	6.65	6.49	5.86
	电焊条 E4303	kg	7.59	13.22	12.90	12.81	14.32
	镀锌钢丝 $D2.8\sim4.0$	kg	6.91	0.33	0.35	0.42	0.45
	气焊条 $D<2$	kg	7.96	0.24	0.24	0.20	0.35
	麻绳	kg	9.28	0.2	0.2	0.2	0.2
	尼龙砂轮片 $D100\times16\times3$	片	3.92	2.78	2.56	2.45	3.07
	零星材料费	元	—	4.62	4.10	3.82	4.21
机械	履带式起重机 15t	台班	759.77	0.33	0.47	0.54	0.39
	汽车式起重机 8t	台班	767.15	0.12	0.03	0.06	0.03
	载货汽车 5t	台班	443.55	0.04	0.03	0.04	0.08
	交流弧焊机 32kV•A	台班	87.97	4.64	4.27	4.09	5.11
	电焊条烘干箱 600×500×750	台班	27.16	0.46	0.43	0.41	0.51
	立式钻床 $D25$	台班	6.78	0.3	0.3	0.3	0.3
	门座吊 30t	台班	543.55	—	—	—	0.41

10.炉排安装、燃烧装置安装

单位：台

编号				3-37	3-38	3-39	3-40
项目				炉排	燃烧装置		
				链条炉(t/h)	缝隙式(个以内)		
				35	1	5	10
预算基价	总价(元)			**44738.45**	**3797.47**	**10088.15**	**12331.07**
	人工费(元)			34708.50	2905.20	7427.70	9009.90
	材料费(元)			5637.10	291.71	577.81	675.88
	机械费(元)			4392.85	600.56	2082.64	2645.29
组成内容		**单位**	**单价**	**数量**			
人工	综合工	工日	135.00	257.10	21.52	55.02	66.74
材料	电	kW·h	0.73	319.74	—	—	—
	型钢	t	3699.72	0.04500	0.00650	0.01050	0.01100
	普碳钢板 Q195～Q235 δ4.5～7.0	t	3843.28	0.21000	0.00800	0.01300	0.01600
	塑料布	kg	10.93	3	—	—	—
	酚醛调和漆	kg	10.67	1.00	—	—	—
	紫铜皮 δ0.05～0.30	kg	86.14	0.4	—	—	—
	石棉扭绳 D4～5	kg	18.59	10.00	0.50	1.50	2.00
	羊毛毡 δ6～8	m^2	34.67	0.3	—	—	—
	碳钢斜垫铁	kg	9.99	200	—	—	—
	密封胶	支	20.97	8	—	—	—
	氧气	m^3	2.88	52.80	11.04	23.25	25.85
	乙炔气	kg	14.66	17.42	4.20	8.84	9.82
	电焊条 E4303	kg	7.59	16.00	10.50	20.50	24.50
	镀锌钢丝 D2.8～4.0	kg	6.91	5.00	5.38	10.04	11.54
	白布	m^2	10.34	1	—	—	—
	破布	kg	5.07	5	—	—	1
	棉纱	kg	16.11	10	—	—	—
	铁砂布 0#～2#	张	1.15	30	—	—	—
	黄干油	kg	15.77	17.0	—	—	—
	机油 5#～7#	kg	7.21	75	—	—	—

续前

单位：台

编号			3-37	3-38	3-39	3-40
项目			炉排	燃烧装置		
			链条炉(t/h)	缝隙式(个以内)		
			35	1	5	10
组成内容	单位	单价	数量			
材料 航空汽油	kg	8.58	20	—	—	—
煤油	kg	7.49	10	—	—	—
铅油	kg	11.17	5.00	0.50	1.20	2.00
青壳纸 δ0.1～1.0	kg	4.80	2	—	—	—
尼龙砂轮片 D100×16×3	片	3.92	4.8	—	—	—
花篮螺栓 M16×250	套	13.84	—	0.5	1.0	—
气焊条 D<2	kg	7.96	—	0.25	0.25	0.25
麻绳	kg	9.28	—	—	0.5	0.7
圆钢 D10～14	t	3926.88	—	—	—	0.0025
零星材料费	元	—	55.81	2.89	5.72	6.69
机械 履带式起重机 15t	台班	759.77	0.81	0.34	0.74	0.83
交流弧焊机 32kV•A	台班	87.97	8.00	2.84	5.37	6.37
普通车床 400×1000	台班	205.13	0.25	—	—	—
牛头刨床 650	台班	226.12	1	—	—	—
电动空气压缩机 0.6m^3	台班	38.51	0.2	—	—	—
电焊条烘干箱 600×500×750	台班	27.16	0.80	0.28	0.54	0.64
汽车式起重机 8t	台班	767.15	—	0.06	0.31	0.29
汽车式起重机 16t	台班	971.12	1	—	—	—
试压泵 60MPa	台班	24.94	—	0.05	0.05	0.05
立式钻床 D25	台班	6.78	—	0.3	—	—
门座吊 30t	台班	543.55	—	—	0.30	0.45
载货汽车 5t	台班	443.55	0.80	0.08	—	—
载货汽车 8t	台班	521.59	—	—	0.40	0.42
卷扬机 单筒慢速 30kN	台班	205.84	7.00	—	—	—
卷扬机 单筒慢速 50kN	台班	211.29	—	—	2	2
门式起重机 30t	台班	743.10	—	—	—	0.44

11. 除灰装置安装

编号				3-41	3-42	3-43	3-44
项目				链条炉(t/h)	煤粉炉(t/h)		
				35 (台)	35 (t)	75 (t)	130 (t)
预算基价	总价(元)			**9612.16**	**3796.50**	**3247.08**	**3319.60**
	人工费(元)			7481.70	2930.85	2471.85	2434.05
	材料费(元)			1368.29	256.53	239.64	300.68
	机械费(元)			762.17	609.12	535.59	584.87
组成内容		**单位**	**单价**	**数量**			
人工	综合工	工日	135.00	55.42	21.71	18.31	18.03
材料	电	kW·h	0.73	123.00	—	—	—
	型钢	t	3699.72	0.01600	0.00478	0.00457	0.00299
	普碳钢板 Q195～Q235 δ4.5～7.0	t	3843.28	0.05000	0.00380	0.00402	0.00291
	酚醛调和漆	kg	10.67	4.62	—	—	—
	紫铜皮 δ0.05～0.30	kg	86.14	0.4	—	—	—
	石棉扭绳 D4～5	kg	18.59	2.00	1.22	0.99	1.16
	羊毛毡 δ1～5	m^2	14.25	0.1	—	—	—
	密封胶	支	20.97	8	—	—	—
	镀锌薄钢板 δ0.50～0.65	t	4438.22	0.0014	—	—	—
	耐油石棉橡胶板 δ1	kg	31.78	1.5	—	—	—
	喷漆	kg	22.50	0.13	—	—	—
	酚醛防锈漆	kg	17.27	0.5	—	—	—
	氧气	m^3	2.88	9.00	13.84	12.30	14.21
	乙炔气	kg	14.66	3.42	5.26	4.67	5.40
	电焊条 E4303	kg	7.59	4.00	8.70	8.64	10.86
	镀锌钢丝 D2.8～4.0	kg	6.91	5.00	0.54	1.06	1.44

续前

编号				3-41	3-42	3-43	3-44
项目				链条炉(t/h)	煤粉炉(t/h)		
				35 (台)	35 (t)	75 (t)	130 (t)
组成内容		**单位**	**单价**	**数量**			
材料	破布	kg	5.07	4	—	—	—
	铁砂布 0# ～2#	张	1.15	8	—	—	—
	黄干油	kg	15.77	2.5	—	—	—
	机油 5# ～7#	kg	7.21	26	—	—	—
	航空汽油	kg	8.58	16	—	—	—
	煤油	kg	7.49	8	—	—	—
	铅油	kg	11.17	3.00	1.10	0.87	0.87
	气焊条 $D<2$	kg	7.96	0.80	—	—	—
	红丹粉	kg	12.42	0.4	—	—	—
	松香水	kg	9.92	1.88	—	—	—
	道木 250×200×2500	根	452.90	—	—	—	0.07
	零星材料费	元	—	13.55	2.54	2.37	2.98
机械	载货汽车 5t	台班	443.55	0.25	0.07	—	0.08
	汽车式起重机 8t	台班	767.15	0.36	—	0.07	—
	交流弧焊机 32kV·A	台班	87.97	2.60	3.04	2.93	3.19
	卷扬机 单筒慢速 30kN	台班	205.84	0.50	0.15	0.15	0.16
	电焊条烘干箱 600×500×750	台班	27.16	0.26	0.30	0.29	0.32
	立式钻床 $D25$	台班	6.78	0.5	—	—	—
	内燃空气压缩机 6m^3	台班	330.12	0.1	—	—	—
	履带式起重机 15t	台班	759.77	—	0.29	0.19	0.21
	普通车床 400×1000	台班	205.13	—	0.25	0.20	0.25
	门座吊 30t	台班	543.55	—	—	—	0.03

12.水压试验

单位：台

编号				3-45	3-46	3-47
项目				锅炉出力(t/h)		
				35	75	130
预算基价	总价(元)			**9562.95**	**12312.43**	**17341.66**
	人工费(元)			6724.35	8283.60	11707.20
	材料费(元)			2247.18	3327.38	4579.89
	机械费(元)			591.42	701.45	1054.57
组成内容		**单位**	**单价**	**数量**		
人工	综合工	工日	135.00	49.81	61.36	86.72
材料	水	m^3	7.62	19	36	52
	电	kW•h	0.73	86.43	126.63	171.41
	型钢	t	3699.72	0.0924	0.1314	0.1752
	热轧一般无缝钢管（综合）	t	4558.50	0.0630	0.0924	0.1320
	钢板平焊法兰 1.6MPa *DN*50	个	22.98	2	2	2
	普碳钢板 Q195～Q235 δ4.5～7.0	t	3843.28	0.004	0.006	0.008
	镀锌钢管 *DN*25	m	12.56	15.55	18.05	24.36
	法兰截止阀 J41T-16 *DN*50	个	108.77	1	1	1
	耐油石棉橡胶板 δ1	kg	31.78	3.56	3.81	4.23
	紫铜管 *D*4～13	kg	94.65	0.28	0.28	0.36
	石棉盘根 *D*6～10	kg	19.28	1.0	1.0	1.4
	氧气	m^3	2.88	15.53	19.20	26.32
	乙炔气	kg	14.66	5.9	7.3	10.0
	电焊条 E4303	kg	7.59	7.93	9.48	13.25
	气焊条 *D*<2	kg	7.96	0.90	1.12	1.51
	铜焊条 铜107 *D*3.2	kg	51.27	0.02	0.02	0.02
	铜焊粉	kg	40.09	0.01	0.01	0.01
	镀锌钢丝 *D*2.8～4.0	kg	6.91	3.26	4.56	6.28
	氨水	kg	3.14	44	81	117
	联氨 40%	kg	11.21	44	81	117
	尼龙砂轮片 *D*100×16×3	片	3.92	2.49	2.68	4.48
	零星材料费	元	—	22.25	32.94	45.35
机械	交流弧焊机 32kV•A	台班	87.97	4.15	4.47	7.47
	内燃空气压缩机 $6m^3$	台班	330.12	0.50	0.67	0.84
	试压泵 60MPa	台班	24.94	2	3	4
	电焊条烘干箱 600×500×750	台班	27.16	0.42	0.45	0.75

13.本 体 油 漆

单位：台

编号				3-48	3-49	3-50	3-51
项目				链条炉(t/h)	煤粉炉(t/h)		
				35	35	75	130
预算基价	总价(元)			**25302.84**	**43733.72**	**46635.24**	**55762.62**
	人工费(元)			12615.75	22468.05	23309.10	28555.20
	材料费(元)			7113.57	11226.27	11858.42	14504.70
	机械费(元)			5573.52	10039.40	11467.72	12702.72
组成内容		单位	单价	数量			
人工	综合工	工日	135.00	93.45	166.43	172.66	211.52
材料	电	kW·h	0.73	2.96	4.44	4.65	5.54
	酚醛调和漆	kg	10.67	496.57	756.67	785.57	961.93
	镀锌钢丝 $D2.8\sim4.0$	kg	6.91	2.00	3.02	3.12	3.50
	破布	kg	5.07	21.00	32.00	33.15	39.50
	铁砂布 $0^{\#}\sim2^{\#}$	张	1.15	392.50	704.20	793.01	970.80
	航空汽油	kg	8.58	7.20	12.60	13.03	15.96
	松香水	kg	9.92	91.55	163.55	182.71	223.73
	钢丝刷	把	6.20	26	38	40	49
	毛刷	把	1.75	16	25	26	30
	尼龙砂轮片 $D100\times16\times3$	片	3.92	3.00	4.50	4.71	5.61
	镀锌薄钢板 $\delta0.50\sim0.65$	t	4438.22	—	0.004	0.004	0.004
	零星材料费	元	—	70.43	111.15	117.41	143.61
机械	机动翻斗车 1t	台班	207.17	0.5	1.0	1.0	1.0
	内燃空气压缩机 $3m^3$	台班	227.44	24.05	43.23	49.51	54.94

14.风压试验,烘炉、煮炉、严密性试验

单位:台

编号				3-52	3-53	3-54	3-55	3-56	3-57
项目				风压试验			烘炉、煮炉、严密性试验		
				锅炉出力(t/h)			锅炉出力(t/h)		
				35	75	130	35	75	130
预算基价	总价(元)			**4609.10**	**6320.88**	**8442.18**	**63527.74**	**82365.40**	**76434.96**
	人工费(元)			3005.10	3825.90	4234.95	34713.90	41215.50	24829.20
	材料费(元)			1407.55	2078.60	3746.87	25261.89	36794.75	48884.34
	机械费(元)			196.45	416.38	460.36	3551.95	4355.15	2721.42
组成内容		**单位**	**单价**	**数量**					
人工	综合工	工日	135.00	22.26	28.34	31.37	257.14	305.30	183.92
材料	重油	kg	—	—	—	—	(24300)	(57300)	(117600)
	电	kW•h	0.73	1600	2380	4560	14680	24050	47210
	普碳钢板 Q195~Q235 δ2.6~3.2	t	3953.25	0.0030	0.0035	0.0040	—	—	—
	石棉扭绳 D4~5	kg	18.59	2.5	3.0	3.5	—	—	—
	氧气	m^3	2.88	4.5	6.0	7.0	48.1	56.3	47.1
	乙炔气	kg	14.66	1.71	2.28	2.66	18.28	21.39	17.90
	电焊条 E4303	kg	7.59	4.00	7.00	8.00	37.85	45.65	35.00
	气焊条 D<2	kg	7.96	0.20	0.25	0.30	1.20	1.50	1.50
	镀锌钢丝 D2.8~4.0	kg	6.91	1.5	2.5	3.0	4.5	5.0	5.0
	滑石粉	kg	0.59	100	160	200	—	—	—
	铅油	kg	11.17	2.5	3.0	3.5	—	—	—
	水	m^3	7.62	—	—	—	320	346	360
	型钢	t	3699.72	—	—	—	0.220	0.295	0.110
	热轧一般无缝钢管(综合)	t	4558.50	—	—	—	0.082	0.098	0.110
	普碳钢板 Q195~Q235 δ4.5~7.0	t	3843.28	—	—	—	0.313	0.416	0.420

续前 单位：台

编号				3-52	3-53	3-54	3-55	3-56	3-57
项目				风压试验			烘炉、煮炉、严密性试验		
				锅炉出力(t/h)			锅炉出力(t/h)		
				35	75	130	35	75	130
组成内容		单位	单价	数量					
材料	石棉橡胶板 中压 δ0.8～6.0	kg	20.02	—	—	—	2.8	3.2	3.5
	木柴	kg	1.03	—	—	—	5000	7000	—
	油浸石棉盘根 D6～10 250℃编制	kg	31.14	—	—	—	2.79	2.90	3.00
	水位计玻璃板	块	26.98	—	—	—	3	3	3
	棉纱	kg	16.11	—	—	—	2.1	2.5	3.2
	铁砂布 $0^{\#}$～$2^{\#}$	张	1.15	—	—	—	6	7	8
	氨水	kg	3.14	—	—	—	2.29	5.03	8.77
	联氨 40%	kg	11.21	—	—	—	0.72	1.57	2.74
	机油 $5^{\#}$～$7^{\#}$	kg	7.21	—	—	—	2.4	3.3	4.2
	锯条	根	0.42	—	—	—	12	15	15
	氢氧化钠	kg	7.24	—	—	—	373	533	854
	磷酸三钠	kg	4.79	—	—	—	120.9	170.3	287.7
	零星材料费	元	—	13.94	20.58	37.10	250.12	364.30	484.00
机械	交流弧焊机 32kV·A	台班	87.97	2.0	4.5	5.0	18.5	20.9	17.5
	普通车床 400×1000	台班	205.13	0.1	0.1	0.1	0.3	0.3	0.3
	履带式起重机 15t	台班	759.77	—	—	—	0.2	0.3	—
	载货汽车 5t	台班	443.55	—	—	—	3.0	4.0	0.8
	内燃空气压缩机 $6m^3$	台班	330.12	—	—	—	1.0	1.2	1.5
	电焊条烘干箱 600×500×750	台班	27.16	—	—	—	1.85	2.09	1.75
	门座吊 30t	台班	543.55	—	—	—	—	—	0.41

二、锅炉附属机械安装

1.磨煤机安装

单位：台

编号				3-58	3-59	3-60	3-61	3-62	3-63	3-64
项目				钢球磨煤机			风扇磨煤机		中速磨煤机	
				210/260	210/330	250/390	1000×260	1000×400	PZM1000	PZM1400
预算基价	总价(元)			**120140.07**	**128319.36**	**138162.41**	**9623.56**	**10982.22**	**38316.90**	**56440.76**
	人工费(元)			83450.25	90162.45	97096.05	5178.60	5691.60	30406.05	44833.50
	材料费(元)			26734.04	27519.00	29654.63	3277.65	4015.27	4699.17	7035.57
	机械费(元)			9955.78	10637.91	11411.73	1167.31	1275.35	3211.68	4571.69
组成内容		**单位**	**单价**	**数量**						
人工	综合工	工日	135.00	618.15	667.87	719.23	38.36	42.16	225.23	332.10
材料	水	m^3	7.62	3.6	3.6	3.6	11.4	11.5	—	—
	电	kW•h	0.73	932.0	1094.0	2101.0	482.7	643.6	515.0	1064.0
	型钢	t	3699.72	0.160	0.170	0.180	0.030	0.030	0.010	0.015
	镀锌薄钢板 δ0.50～0.65	t	4438.22	0.0060	0.0060	0.0060	0.0005	0.0005	0.0007	0.0010
	普碳钢板 Q195～Q235 δ3.5～4.0	t	3945.80	1.171	1.180	1.193	0.070	0.070	0.070	0.100
	塑料布	kg	10.93	4.5	4.7	5.0	1.0	1.0	1.4	2.0
	橡胶板 δ1～3	kg	11.26	0.9	0.9	1.0	—	—	—	—
	耐油石棉橡胶板 δ1	kg	31.78	2.00	2.00	2.00	0.35	0.35	—	—
	喷漆	kg	22.50	1.00	1.00	1.20	1.15	1.15	1.00	1.50
	酚醛磁漆	kg	14.23	3.00	3.00	3.00	0.35	0.35	0.50	0.50
	酚醛调和漆	kg	10.67	40.00	47.00	55.00	2.50	2.60	9.44	13.88
	酚醛防锈漆	kg	17.27	7.3	8.8	10.6	2.8	2.9	2.7	4.0
	紫铜棒 *D*16～80	kg	92.76	4	4	4	—	—	—	—
	紫铜皮 δ0.05～0.30	kg	86.14	1.9	1.9	1.9	0.2	0.2	0.2	0.3
	绝缘垫 δ2.0	m^2	11.18	2.8	3.1	3.4	—	—	—	—
	石棉扭绳 *D*6～10	kg	19.43	3.0	3.0	3.0	2.2	2.2	2.0	3.0
	羊毛毡 δ6～8	m^2	34.67	2.32	2.32	2.32	0.08	0.09	0.07	0.10
	钢丝 *D*0.1～0.5	kg	8.13	0.40	0.40	0.40	0.07	0.07	—	—

续前

单位：台

编号				3-58	3-59	3-60	3-61	3-62	3-63	3-64
项目				钢球磨煤机			风扇磨煤机		中速磨煤机	
				210/260	210/330	250/390	1000×260	1000×400	PZM1000	PZM1400
组成内容		单位	单价	数量						
材料	碳钢斜垫铁	kg	9.99	780	780	795	140	150	140	200
	道木 250×200×2500	根	452.90	8.5	9.0	10.5	—	—	—	—
	细铜网	m^2	93.39	1.0	1.0	1.0	0.4	0.5	—	—
	砂子 粗砂	t	86.14	2.145	2.145	2.145	—	—	—	—
	密封胶	支	20.97	15	15	15	6	6	7	7
	石油沥青 $10^{\#}$	kg	4.04	30	35	40	—	—	—	—
	氧气	m^3	2.88	144	156	168	25	28	27	39
	乙炔气	kg	14.66	54.72	59.28	63.84	8.25	9.24	8.91	12.87
	电焊条 E4303 $D3.2$	kg	7.59	30.0	32.0	34.0	2.5	2.5	7.0	11.0
	气焊条 $D<2$	kg	7.96	2.4	2.4	2.4	—	—	—	—
	铜焊条 铜107 $D3.2$	kg	51.27	0.2	0.2	0.2	—	—	—	—
	镀锌钢丝 $D2.8\sim4.0$	kg	6.91	18.0	18.0	18.0	1.8	1.8	3.0	4.0
	白布	m^2	10.34	6	6	6	—	—	—	—
	破布	kg	5.07	18.3	18.8	19.4	—	—	0.8	1.2
	棉纱	kg	16.11	25.0	25.5	26.0	4.5	4.7	2.0	3.0
	铁砂布 $0^{\#}\sim2^{\#}$	张	1.15	70	78	86	9	10	7	10
	红丹粉	kg	12.42	2.6	2.7	2.9	—	—	0.2	0.2
	黄干油	kg	15.77	13.0	13.0	13.0	—	—	2.8	4.0
	机油 $5^{\#}\sim7^{\#}$	kg	7.21	379.0	390.0	400.0	35.0	100.0	227.5	350.0
	煤油	kg	7.49	31.0	32.0	33.0	3.5	3.5	2.8	4.0
	汽油 $60^{\#}\sim70^{\#}$	kg	6.67	45.3	45.8	46.4	5.0	5.5	6.0	9.0
	铅油	kg	11.17	3.0	3.0	3.0	1.8	1.8	1.7	2.5
	青壳纸 $\delta0.1\sim1.0$	kg	4.80	0.8	0.9	1.0	0.3	0.3	0.2	0.3

续前　　　　　　　　　　　　　　　　　　　　　　　　　　　　　　　　　　　　**单位**：台

编号				3-58	3-59	3-60	3-61	3-62	3-63	3-64
项目				钢球磨煤机			风扇磨煤机		中速磨煤机	
				210/260	210/330	250/390	1000×260	1000×400	PZM1000	PZM1400
组成内容		**单位**	**单价**	**数量**						
材料	松香水	kg	9.92	4.90	6.00	7.20	0.40	0.42	1.30	2.24
	信那水	kg	14.17	0.80	0.90	1.00	0.95	0.95	0.80	1.20
	麻绳	kg	9.28	5	5	5	—	—	—	—
	钢丝刷	把	6.20	4	4	4	—	—	—	—
	尼龙砂轮片 $D100\times16\times3$	片	3.92	1	1	1	—	—	—	—
	锯条	根	0.42	45	47	50	—	—	—	—
	脱化剂	kg	9.60	9	9	9	—	—	—	—
	密封塑料带	kg	15.49	2.20	2.20	2.40	0.35	0.35	—	—
	滤油纸 300×300	张	0.93	1000	1000	1100	—	—	—	—
	裸铜线 $120mm^2$	kg	54.36	—	—	—	—	—	0.2	0.2
	石棉纸	kg	23.12	—	—	—	—	—	1.5	2.4
	零星材料费	元	—	—	—	—	32.45	39.76	46.53	—
机械	门式起重机 30t	台班	743.10	1.5	1.6	1.7	—	—	0.3	0.5
	履带式起重机 15t	台班	759.77	1.80	1.95	2.15	—	—	—	—
	汽车式起重机 8t	台班	767.15	0.72	0.72	0.79	0.54	0.58	1.08	1.44
	平板拖车组 30t	台班	1263.97	0.9	1.0	1.1	—	—	—	—
	载货汽车 5t	台班	443.55	2.00	2.10	2.20	0.75	0.80	1.50	2.00
	交流弧焊机 32kV·A	台班	87.97	11.0	12.0	13.0	1.5	1.6	3.5	5.5
	直流弧焊机 20kW	台班	75.06	2	2	2	—	—	—	—
	卷扬机 单筒慢速 50kN	台班	211.29	13.5	14.6	15.7	1.2	1.4	5.5	8.0
	电动空气压缩机 $0.6m^3$	台班	38.51	1.0	1.0	1.0	0.8	0.9	0.4	0.5
	电动空气压缩机 $10m^3$	台班	375.37	1.5	1.5	1.5	—	—	—	—
	滤油机	台班	32.16	9	9	9	—	—	—	—
	电焊条烘干箱 600×500×750	台班	27.16	1.30	1.40	1.50	0.15	0.16	0.35	0.55

2.给煤机安装

单位：台

编号				3-65	3-66	3-67	3-68
项目				电磁振动式		圆盘式	
				20t/h 92A	50t/h 95A	600/(5～10)	800/(20～30)
预算基价	总价(元)			**2030.86**	**2215.03**	**4314.14**	**4833.79**
	人工费(元)			1557.90	1723.95	3142.80	3464.10
	材料费(元)			108.00	115.83	620.43	666.63
	机械费(元)			364.96	375.25	550.91	703.06
组成内容		**单位**	**单价**	**数量**			
人工	综合工	工日	135.00	11.54	12.77	23.28	25.66
材料	电	kW•h	0.73	3.84	4.32	22.40	22.40
	型钢	t	3699.72	0.010	0.012	—	—
	喷漆	kg	22.50	0.04	0.04	0.24	0.36
	酚醛调和漆	kg	10.67	0.10	0.10	0.25	0.38
	石棉扭绳 $D6$～10	kg	19.43	1.0	1.0	1.5	—
	氧气	m^3	2.88	3	3	3	3
	乙炔气	kg	14.66	1.00	1.00	1.00	1.00
	电焊条 E4303 $D3.2$	kg	7.59	1	1	1	1
	破布	kg	5.07	0.3	0.3	2.0	2.0
	铁砂布 0#～2#	张	1.15	1.5	1.5	4.0	4.0
	铅油	kg	11.17	1.0	1.0	1.0	1.5
	信那水	kg	14.17	0.03	0.03	0.20	0.30
	镀锌薄钢板 $\delta0.50$～0.65	t	4438.22	—	—	0.0007	0.0008

续前 单位：台

编号			3-65	3-66	3-67	3-68
项目			电磁振动式		圆盘式	
			20t/h 92A	50t/h 95A	600/(5～10)	800/(20～30)
组成内容	单位	单价	数量			
材料 普碳钢板 Q195～Q235 δ3.5～4.0	t	3945.80	—	—	0.012	0.012
耐油石棉橡胶板 δ1	kg	31.78	—	—	0.4	0.6
紫铜皮 δ0.05～0.30	kg	86.14	—	—	0.02	0.02
羊毛毡 δ6～8	m^2	34.67	—	—	0.03	0.06
碳钢斜垫铁	kg	9.99	—	—	20	20
密封胶	支	20.97	—	—	6	6
棉纱	kg	16.11	—	—	0.5	0.5
机油 5#～7#	kg	7.21	—	—	7.2	9.6
汽油 60#～70#	kg	6.67	—	—	7	9
青壳纸 δ0.1～1.0	kg	4.80	—	—	0.6	0.8
不锈钢板 0Cr18Ni9Ti δ<8	t	15477.15	—	—	—	0.002
零星材料费	元	—	1.07	1.15	6.14	—
机械 汽车式起重机 8t	台班	767.15	0.14	0.14	0.23	0.25
载货汽车 5t	台班	443.55	0.20	0.20	0.32	0.35
交流弧焊机 32kV·A	台班	87.97	0.5	0.5	0.5	0.5
卷扬机 单筒慢速 30kN	台班	205.84	0.60	0.65	0.90	1.50
电焊条烘干箱 600×500×750	台班	27.16	0.05	0.05	0.05	0.05
电动空气压缩机 $0.6m^3$	台班	38.51	—	—	0.05	0.05

单位：台

编号				3-69	3-70	3-71	3-72
项目				刮板式给煤机		皮带式给煤机	
				SMS16	SMS25	带宽500	带宽650
预算基价	总价(元)			**11493.85**	**13195.94**	**11397.96**	**12888.91**
	人工费(元)			8591.40	9873.90	8235.00	9524.25
	材料费(元)			1693.82	1921.17	1779.08	1914.85
	机械费(元)			1208.63	1400.87	1383.88	1449.81
组成内容		**单位**	**单价**	**数量**			
人工	综合工	工日	135.00	63.64	73.14	61.00	70.55
材料	电	kW•h	0.73	22.00	36.00	19.20	24.00
	型钢	t	3699.72	0.030	0.035	0.040	0.040
	镀锌薄钢板 δ0.50～0.65	t	4438.22	0.0005	0.0006	0.0007	0.0007
	普碳钢板 Q195～Q235 δ3.5～4.0	t	3945.80	0.035	0.040	0.020	0.030
	喷漆	kg	22.50	0.05	0.05	0.05	0.06
	酚醛调和漆	kg	10.67	2.60	2.70	8.70	11.31
	紫铜皮 δ0.05～0.30	kg	86.14	0.15	0.18	0.20	0.20
	石棉扭绳 D6～10	kg	19.43	3.5	4.0	1.0	1.0
	羊毛毡 δ6～8	m^2	34.67	0.03	0.03	0.05	0.06
	碳钢斜垫铁	kg	9.99	65	72	60	60
	密封胶	支	20.97	6	6	6	6
	塑料布	kg	10.93	1	1	—	—
	酚醛磁漆	kg	14.23	0.4	0.4	—	—
	氧气	m^3	2.88	20	22	21	24
	乙炔气	kg	14.66	7.60	8.36	7.96	9.12
	电焊条 E4303 D3.2	kg	7.59	4	4	5	6
	破布	kg	5.07	2.0	2.0	2.5	2.5

续前

单位：台

编号				3-69	3-70	3-71	3-72
项目				刮板式给煤机		皮带式给煤机	
				SMS16	SMS25	带宽500	带宽650
组成内容		单位	单价	数量			
材料	棉纱	kg	16.11	2.0	2.0	2.0	3.0
	铁砂布 0# ～2#	张	1.15	7.0	8.0	7.0	8.0
	机油 5# ～7#	kg	7.21	14.0	18.0	15.6	15.6
	汽油 60# ～70#	kg	6.67	7	8	10	10
	青壳纸 δ0.1～1.0	kg	4.80	0.8	0.9	1.6	2.0
	气焊条 $D<2$	kg	7.96	0.4	0.4	0.4	0.4
	黄干油	kg	15.77	4	4	2	2
	煤油	kg	7.49	5	6	6	6
	松香水	kg	9.92	0.21	0.22	1.50	1.95
	铅油	kg	11.17	—	2.8	0.5	0.5
	电炉丝 220V 2000W	条	15.17	—	—	1	1
	酚醛防锈漆	kg	17.27	—	—	0.5	0.5
	生胶	kg	25.09	—	—	1.3	1.5
	航空汽油	kg	8.58	—	—	6.71	7.00
	牛皮纸	张	1.12	—	—	2	2
	钢丝刷	把	6.20	—	—	1	1
	零星材料费	元	—	16.77	19.02	—	—
机械	汽车式起重机 8t	台班	767.15	0.50	0.58	0.72	0.72
	载货汽车 5t	台班	443.55	0.70	0.80	1.00	1.00
	交流弧焊机 32kV·A	台班	87.97	2.0	2.5	2.0	2.5
	卷扬机 单筒慢速 30kN	台班	205.84	1.60	1.80	1.00	1.10
	电动空气压缩机 0.6m^3	台班	38.51	0.10	0.10	0.02	0.02
	电焊条烘干箱 600×500×750	台班	27.16	0.20	0.25	0.20	0.25

3.叶轮给粉机安装、螺旋输粉机安装

单位：台

编号				3-73	3-74	3-75	3-76	3-77	3-78
项目				叶轮给粉机		螺旋输粉机			
						整台机		长度调整10m	
				DX-1A	DX-2A	GX-D200	GX-D300	GX-D200	GX-D300
预算基价	总价(元)			**2601.33**	**3040.23**	**7666.94**	**8759.01**	**2376.93**	**2869.62**
	人工费(元)			2141.10	2516.40	5077.35	5983.20	1903.50	2335.50
	材料费(元)			318.44	334.70	1259.52	1296.22	222.94	249.12
	机械费(元)			141.79	189.13	1330.07	1479.59	250.49	285.00
组成内容		单位	单价	数量					
人工	综合工	工日	135.00	15.86	18.64	37.61	44.32	14.10	17.30
材料	电	kW•h	0.73	10.56	10.56	36.00	48.00	—	—
	镀锌薄钢板 δ0.50~0.65	t	4438.22	0.00050	0.00060	0.00075	0.00075	—	—
	喷漆	kg	22.50	0.06	0.06	0.10	0.10	—	—
	酚醛调和漆	kg	10.67	0.06	0.13	2.34	2.60	1.95	2.16
	紫铜皮 δ0.05~0.30	kg	86.14	0.10	0.15	0.22	0.22	0.02	0.02
	石棉扭绳 D6~10	kg	19.43	1.0	1.0	0.5	0.5	0.5	0.5
	羊毛毡 δ6~8	m^2	34.67	0.02	0.02	0.10	0.10	—	—
	密封胶	支	20.97	6	6	6	6	—	—
	氧气	m^3	2.88	1	1	6	7	3	4
	乙炔气	kg	14.66	0.38	0.38	2.28	2.66	1.14	1.52
	电焊条 E4303 D3.2	kg	7.59	1	1	4	4	2	2
	破布	kg	5.07	1.2	1.2	2.0	2.0	1.0	1.0
	铁砂布 0# ~2#	张	1.15	3	4	6	6	3	3
	石棉纸	kg	23.12	2	2	—	—	—	—
	机油 5# ~7#	kg	7.21	7.2	8.4	31.2	31.2	0.5	0.5

续前

单位：台

编号			3-73	3-74	3-75	3-76	3-77	3-78
项目			叶轮给粉机		螺旋输粉机			
					整台机		长度调整10m	
			DX-1A	DX-2A	GX-D200	GX-D300	GX-D200	GX-D300
组成内容	单位	单价	数量					
材料 汽油 60# ~70#	kg	6.67	2.5	2.5	10.0	10.0	1.0	1.0
铅油	kg	11.17	0.8	0.8	0.5	0.5	0.5	0.5
青壳纸 δ0.1~1.0	kg	4.80	0.4	0.6	—	—	—	—
信那水	kg	14.17	0.05	0.05	—	—	—	—
塑料布	kg	10.93	—	—	1	1	—	—
型钢	t	3699.72	—	—	0.026	0.028	0.010	0.012
普碳钢板 Q195~Q235 δ3.5~4.0	t	3945.80	—	—	0.020	0.022	0.020	0.022
酚醛磁漆	kg	14.23	—	—	0.5	0.5	—	—
绝缘垫 δ2.0	m^2	11.18	—	—	0.1	0.2	—	—
碳钢斜垫铁	kg	9.99	—	—	40	40	—	—
气焊条 $D<2$	kg	7.96	—	—	0.4	0.4	—	—
黄干油	kg	15.77	—	—	0.8	0.8	0.5	0.5
煤油	kg	7.49	—	—	5	5	—	—
松香水	kg	9.92	—	—	0.23	0.26	0.20	0.22
机械 汽车式起重机 8t	台班	767.15	0.02	0.02	0.65	0.72	0.07	0.09
载货汽车 5t	台班	443.55	0.03	0.03	0.90	1.00	0.10	0.12
交流弧焊机 32kV•A	台班	87.97	0.5	0.5	2.0	2.0	1.0	1.0
卷扬机 单筒慢速 30kN	台班	205.84	0.32	0.55	1.20	1.45	0.30	0.35
电动空气压缩机 0.6m^3	台班	38.51	0.05	0.05	0.10	0.10	—	—
电焊条烘干箱 600×500×750	台班	27.16	0.05	0.05	0.20	0.20	0.10	0.10

4.碎渣机安装、离心式引风机安装

单位：台

编号				3-79	3-80	3-81	3-82	3-83
项目				碎渣机	离心式引风机			
				SZJ	Y4-73-11№8D	Y4-73-11№10D	Y4-73-11№12D	Y4-73-11№14D
预算基价	总价(元)			**10724.92**	**5784.21**	**6809.03**	**13430.14**	**15852.51**
	人工费(元)			7661.25	3159.00	3510.00	8810.10	10303.20
	材料费(元)			2577.00	1960.12	2569.10	3681.17	4402.86
	机械费(元)			486.67	665.09	729.93	938.87	1146.45
组成内容		**单位**	**单价**	**数量**				
人工	综合工	工日	135.00	56.75	23.40	26.00	65.26	76.32
材料	水	m^3	7.62	14.40	6.00	6.00	7.00	7.00
	电	kW•h	0.73	158.4	176.0	440.0	660.0	900.0
	型钢	t	3699.72	0.012	0.070	0.090	0.120	0.150
	镀锌薄钢板 δ0.50～0.65	t	4438.22	0.001	—	—	—	—
	普碳钢板 Q195～Q235 δ3.5～4.0	t	3945.80	0.070	0.040	0.050	0.068	0.080
	塑料布	kg	10.93	2.0	1.5	2.0	2.0	2.0
	喷漆	kg	22.50	0.20	0.80	1.00	1.10	1.20
	酚醛磁漆	kg	14.23	0.50	0.30	0.40	0.40	0.40
	酚醛调和漆	kg	10.67	25.71	1.20	1.50	1.60	1.80
	酚醛防锈漆	kg	17.27	15.12	—	—	—	—
	紫铜皮 δ0.05～0.30	kg	86.14	0.20	0.08	0.10	0.12	0.14
	羊毛毡 δ6～8	m^2	34.67	0.03	0.04	0.04	0.06	0.06
	碳钢斜垫铁	kg	9.99	80	80	100	150	180
	密封胶	支	20.97	6	3	3	6	6
	氧气	m^3	2.88	12	7	8	18	20
	乙炔气	kg	14.66	3.96	2.66	3.04	6.84	7.60
	电焊条 E4303 D3.2	kg	7.59	2.0	1.8	2.0	4.0	5.0

续前 **单位：**台

编号				3-79	3-80	3-81	3-82	3-83
项目				碎渣机	离心式引风机			
				SZJ	Y4-73-11№8D	Y4-73-11№10D	Y4-73-11№12D	Y4-73-11№14D
组成内容		**单位**	**单价**	**数量**				
材料	破布	kg	5.07	4.3	0.9	1.0	1.5	1.8
	铁砂布 $0^{\#}\sim2^{\#}$	张	1.15	7	6	8	8	9
	石棉纸	kg	23.12	3.5	0.4	0.5	0.7	0.9
	红丹粉	kg	12.42	0.2	—	—	—	—
	黄干油	kg	15.77	3.0	0.8	1.0	1.5	1.8
	机油 $5^{\#}\sim7^{\#}$	kg	7.21	13.7	28.0	30.0	38.0	42.0
	煤油	kg	7.49	4	—	—	—	—
	汽油 $60^{\#}\sim70^{\#}$	kg	6.67	4.7	4.0	5.0	6.0	7.0
	铅油	kg	11.17	1.0	2.0	3.0	3.0	3.0
	青壳纸 $\delta0.1\sim1.0$	kg	4.80	0.4	0.9	1.0	1.2	1.4
	松香水	kg	9.92	7.13	0.20	0.23	0.25	0.28
	信那水	kg	14.17	0.15	0.90	1.00	1.10	1.20
	石棉扭绳 $D6\sim10$	kg	19.43	—	2.5	4.0	4.0	4.0
	气焊条 $D<2$	kg	7.96	—	0.9	1.0	1.5	1.8
	棉纱	kg	16.11	—	0.8	1.0	1.5	1.8
	锯条	根	0.42	—	6	8	8	9
机械	汽车式起重机 8t	台班	767.15	0.2	0.2	0.2	0.3	0.4
	载货汽车 5t	台班	443.55	0.3	0.3	0.3	0.4	0.5
	交流弧焊机 32kV·A	台班	87.97	1.00	1.00	1.50	2.00	2.50
	卷扬机 单筒慢速 30kN	台班	205.84	0.50	1.40	1.50	1.70	1.90
	电动空气压缩机 $0.6m^3$	台班	38.51	0.1	—	—	—	—
	电焊条烘干箱 600×500×750	台班	27.16	0.20	0.09	0.10	0.20	0.25

5. 离心式送风机安装、排粉机安装

单位：台

编号				3-84	3-85	3-86	3-87	3-88	3-89
项目				离心式送风机				排粉机	
				G4-73-11№8D	G4-73-11№10D	G4-73-11№12D	G4-73-11№14D	7-29-11№11	7-29-11№13
预算基价	总价(元)			**6553.56**	**7685.21**	**10609.14**	**12689.93**	**12083.29**	**14034.58**
	人工费(元)			3191.40	3855.60	6350.40	7695.00	7735.50	8599.50
	材料费(元)			2676.22	3110.57	3529.41	4222.48	3347.62	4244.38
	机械费(元)			685.94	719.04	729.33	772.45	1000.17	1190.70
组成内容		**单位**	**单价**	**数量**					
人工	综合工	工日	135.00	23.64	28.56	47.04	57.00	57.30	63.70
材料	水	m^3	7.62	6.00	6.00	7.00	7.00	8.08	8.08
	电	kW·h	0.73	176.0	440.0	660.0	1188.0	900.0	1620.0
	型钢	t	3699.72	0.120	0.130	0.140	0.160	0.130	0.150
	镀锌薄钢板 δ0.50～0.65	t	4438.22	0.0005	0.0005	0.0005	0.0005	0.0005	0.0005
	普碳钢板 Q195～Q235 δ3.5～4.0	t	3945.80	0.050	0.060	0.070	0.080	0.080	0.090
	塑料布	kg	10.93	1.0	1.0	1.0	1.0	2.0	2.0
	喷漆	kg	22.50	0.60	0.65	0.70	0.80	0.95	0.96
	酚醛磁漆	kg	14.23	0.30	0.35	0.40	0.50	0.50	0.50
	酚醛调和漆	kg	10.67	3.00	3.20	3.40	4.00	0.12	0.13
	紫铜皮 δ0.05～0.30	kg	86.14	0.10	0.12	0.16	0.20	0.20	0.20
	羊毛毡 δ6～8	m^2	34.67	0.03	0.03	0.04	0.05	0.04	0.07
	碳钢斜垫铁	kg	9.99	120	130	140	150	120	140
	密封胶	支	20.97	3	3	3	3	6	6
	石棉扭绳 D6～10	kg	19.43	3.5	3.5	4.0	4.0	1.5	1.5
	氧气	m^3	2.88	14	15	17	18	24	27
	乙炔气	kg	14.66	4.62	4.95	5.61	5.94	7.92	8.91
	电焊条 E4303 D3.2	kg	7.59	2.0	2.5	2.5	3.0	4.0	5.0
	破布	kg	5.07	0.5	0.6	0.8	1.0	1.5	2.0
	铁砂布 $0^{\#}$～$2^{\#}$	张	1.15	6	7	8	10	6	8

续前 **单位：**台

编号				3-84	3-85	3-86	3-87	3-88	3-89
项目				离心式送风机				排粉机	
				G4-73-11№8D	G4-73-11№10D	G4-73-11№12D	G4-73-11№14D	7-29-11№11	7-29-11№13
组成内容		**单位**	**单价**	**数量**					
材料	黄干油	kg	15.77	1.0	1.0	1.2	1.2	1.5	1.5
	机油 5#～7#	kg	7.21	25.0	30.0	32.0	38.0	1.0	1.0
	汽油 60#～70#	kg	6.67	4.0	4.5	5.0	6.0	5.0	6.0
	铅油	kg	11.17	2.5	2.5	3.0	3.0	1.0	1.0
	青壳纸 δ0.1～1.0	kg	4.80	1.0	1.0	1.2	1.2	1.2	1.4
	松香水	kg	9.92	0.48	0.55	0.60	0.65	0.20	0.20
	信那水	kg	14.17	0.50	0.50	0.50	0.50	0.70	0.80
	棉纱	kg	16.11	1.0	1.1	1.3	1.5	1.5	2.0
	锯条	根	0.42	5	6	7	8	4	5
	镀锌钢丝 D2.8～4.0	kg	6.91	2.0	2.0	2.5	2.5	—	—
	密封塑料带	kg	15.49	—	—	—	0.3	0.3	0.3
	酚醛防锈漆	kg	17.27	—	—	—	—	1.25	1.25
	橡胶板 δ1～3	kg	11.26	—	—	—	—	0.5	0.6
	绝缘垫 δ2.0	m^2	11.18	—	—	—	—	0.1	0.1
	石棉纸	kg	23.12	—	—	—	—	0.4	0.5
	煤油	kg	7.49	—	—	—	—	2	2
	零星材料费	元	—	26.50	30.80	34.94	41.81	—	—
机械	汽车式起重机 8t	台班	767.15	0.2	0.2	0.2	0.2	0.2	0.3
	载货汽车 5t	台班	443.55	0.3	0.3	0.3	0.3	0.3	0.4
	交流弧焊机 32kV·A	台班	87.97	1.00	1.25	1.25	1.50	2.20	2.50
	电焊条烘干箱 600×500×750	台班	27.16	0.10	0.13	0.13	0.15	0.22	0.25
	履带式起重机 15t	台班	759.77	—	—	—	—	0.3	0.3
	电动空气压缩机 0.6m^3	台班	38.51	—	—	—	—	0.3	0.3
	卷扬机 单筒慢速 30kN	台班	205.84	1.50	1.55	1.60	1.70	—	—
	卷扬机 单筒慢速 50kN	台班	211.29	—	—	—	—	1.3	1.5

三、锅炉专用辅助设备安装

1.烟、风、煤管道安装

单位：t

编号				3-90	3-91	3-92	3-93	3-94	3-95	3-96	3-97	3-98	3-99
项目				热风道		冷风道		制粉管道		送粉管道		烟道	
				锅炉出力(t/h以内)									
				75	130	75	130	75	130	75	130	75	130
预算基价	总价(元)			**4365.12**	**2744.30**	**2265.64**	**1896.14**	**2600.32**	**2305.20**	**4251.41**	**3480.74**	**2152.80**	**1889.10**
	人工费(元)			2808.00	1944.00	1377.00	1202.85	1784.70	1553.85	2829.60	2301.75	1410.75	1291.95
	材料费(元)			276.26	214.09	244.51	218.32	267.11	241.49	737.15	527.98	215.83	181.30
	机械费(元)			1280.86	586.21	644.13	474.97	548.51	509.86	684.66	651.01	526.22	415.85
组成内容		单位	单价	数量									
人工	综合工	工日	135.00	20.80	14.40	10.20	8.91	13.22	11.51	20.96	17.05	10.45	9.57
材料	型钢	t	3699.72	0.00830	0.00702	0.00914	0.00862	0.00729	0.00603	0.00264	0.00226	0.00689	0.00658
	圆钢 $D5.5$～9.0	t	3896.14	0.00200	0.00185	0.00058	0.00051	0.00286	0.00265	0.00264	0.00219	0.00025	0.00020
	普碳钢板 Q195～Q235 $\delta3.5$～4.0	t	3945.80	0.00284	0.00241	0.00403	0.00321	0.00062	0.00057	0.10400	0.06900	0.00307	0.00279
	石棉扭绳 $D3$	kg	19.69	1.54	0.81	0.69	0.55	0.98	0.78	1.93	1.61	0.64	0.51
	道木 250×200×2500	根	452.90	0.05	0.04	0.06	0.05	0.06	0.05	0.06	0.03	0.04	0.03
	镀锌薄钢板 $\delta0.50$～0.65	t	4438.22	0.00007	0.00006	—	—	0.00063	0.00052	0.00008	0.00007	—	—
	氧气	m^3	2.88	7.54	6.42	6.46	5.96	6.85	6.07	12.30	10.07	6.26	5.53
	乙炔气	kg	14.66	2.49	2.12	2.13	1.97	2.26	2.00	4.06	3.32	2.07	1.82
	电焊条 E4303 $D3.2$	kg	7.59	9.80	7.90	9.24	8.53	10.55	9.71	15.35	12.40	10.14	8.13
	镀锌钢丝 $D2.8$～4.0	kg	6.91	1.94	1.85	2.34	2.00	2.33	2.00	1.96	1.86	1.44	1.06
	黄干油	kg	15.77	0.12	0.04	0.12	0.10	—	—	—	—	—	—
	机油 $5^{\#}$～$7^{\#}$	kg	7.21	0.05	0.04	0.08	0.06	—	—	—	—	—	—
	煤油	kg	7.49	1.02	0.61	0.63	0.60	0.38	0.36	0.28	0.18	0.56	0.53
	铅油	kg	11.17	1.31	0.64	0.54	0.45	0.76	0.61	0.61	0.18	0.44	0.37
	电	kW·h	0.73	—	—	—	—	19.55	27.50	—	—	—	—
	零星材料费	元	—	2.74	2.12	2.42	2.16	2.64	2.39	7.30	5.23	2.14	1.80
机械	履带式起重机 15t	台班	759.77	0.17	0.18	0.26	0.16	0.24	0.15	0.13	0.14	0.17	0.08
	汽车式起重机 8t	台班	767.15	0.53	—	0.06	—	—	—	0.06	—	0.04	—
	载货汽车 5t	台班	443.55	0.74	0.18	0.07	0.07	—	0.12	0.10	0.10	0.06	0.06
	交流弧焊机 32kV·A	台班	87.97	2.92	2.25	2.07	1.79	2.29	2.07	3.60	3.10	2.02	1.87
	卷扬机 单筒慢速 50kN	台班	211.29	0.72	0.50	0.86	0.50	0.75	0.45	0.80	0.78	0.74	0.52
	电焊条烘干箱 600×500×750	台班	27.16	0.29	0.23	0.21	0.18	0.23	0.21	0.36	0.31	0.21	0.19
	门座吊 30t	台班	543.55	—	0.11	—	0.10	—	0.11	—	0.10	—	0.09

单位：套

编号				3-100	3-101	3-102	3-103	3-104
项目				双曲线煤斗(t以内)		方煤斗(t以内)		
				2	3	1	2	3
预算基价	总价(元)			**8962.14**	**10055.27**	**4361.84**	**5419.99**	**6344.67**
	人工费(元)			5998.05	6632.55	2970.00	3578.85	4193.10
	材料费(元)			940.32	1099.64	378.33	455.64	533.32
	机械费(元)			2023.77	2323.08	1013.51	1385.50	1618.25
组成内容		**单位**	**单价**	**数量**				
人工	综合工	工日	135.00	44.43	49.13	22.00	26.51	31.06
材料	型钢	t	3699.72	0.01575	0.01890	0.00762	0.00918	0.01074
	圆钢 $D5.5\sim9.0$	t	3896.14	0.00350	0.00360	0.00370	0.00445	0.00521
	普碳钢板 Q195～Q235 $\delta3.5\sim4.0$	t	3945.80	0.00050	0.00060	0.00120	0.00145	0.00170
	石棉扭绳 $D3$	kg	19.69	1.71	1.76	2.18	2.63	3.08
	道木 250×200×2500	根	452.90	0.15	0.25	—	—	—
	氧气	m^3	2.88	31.28	35.64	13.50	16.30	19.10
	乙炔气	kg	14.66	10.32	11.76	4.46	5.38	6.30
	电焊条 E4303 $D3.2$	kg	7.59	56.40	64.33	15.20	18.30	21.40
	镀锌钢丝 $D2.8\sim4.0$	kg	6.91	8.00	8.70	4.50	5.40	6.32
	黄干油	kg	15.77	0.48	0.48	0.50	0.60	0.70
	机油 5#～7#	kg	7.21	0.24	0.24	0.25	0.30	0.35
	煤油	kg	7.49	0.96	0.96	0.67	0.80	0.94
	铅油	kg	11.17	1.28	1.31	1.69	2.03	2.38
	零星材料费	元	—	9.31	10.89	3.75	4.51	5.28
机械	门座吊 30t	台班	543.55	0.29	0.37	0.22	0.26	0.31
	履带式起重机 15t	台班	759.77	0.32	0.36	0.20	0.38	0.44
	载货汽车 5t	台班	443.55	0.30	0.34	0.20	0.38	0.44
	交流弧焊机 32kV·A	台班	87.97	11.70	13.36	3.64	4.39	5.14
	卷扬机 单筒慢速 50kN	台班	211.29	2.03	2.30	1.53	1.84	2.15
	电焊条烘干箱 600×500×750	台班	27.16	1.17	1.34	0.36	0.44	0.51

2.测粉装置安装

单位：套

编号				3-105	3-106
项目				标尺比例	
				1:1	1:2
预算基价	总价(元)			**6133.17**	**6671.23**
	人工费(元)			3889.35	4279.50
	材料费(元)			1210.79	1210.79
	机械费(元)			1033.03	1180.94
组成内容		**单位**	**单价**	**数量**	
人工	综合工	工日	135.00	28.81	31.70
材料	型钢	t	3699.72	0.145	0.145
	普碳钢板 Q195～Q235 δ3.5～4.0	t	3945.80	0.090	0.090
	钢丝绳 D4.2	kg	6.67	9	9
	氧气	m^3	2.88	18	18
	乙炔气	kg	14.66	5.94	5.94
	电焊条 E4303 D3.2	kg	7.59	10	10
	镀锌钢丝 D2.8～4.0	kg	6.91	4	4
	黄干油	kg	15.77	0.3	0.3
	零星材料费	元	—	11.99	11.99
机械	交流弧焊机 32kV·A	台班	87.97	5.0	5.5
	卷扬机 单筒慢速 50kN	台班	211.29	0.3	0.3
	普通车床 400×1000	台班	205.13	2.5	3.0
	立式钻床 D25	台班	6.78	0.5	0.5
	电焊条烘干箱 600×500×750	台班	27.16	0.50	0.55

3.分离器安装

单位：台

编号				3-107	3-108	3-109
项目				粗粉分离器直径(mm)		
				2000	2200	2800
预算基价	总价(元)			**5288.23**	**6413.50**	**8211.27**
	人工费(元)			3928.50	4780.35	6108.75
	材料费(元)			411.90	478.08	623.30
	机械费(元)			947.83	1155.07	1479.22
组成内容		单位	单价	数量		
人工	综合工	工日	135.00	29.10	35.41	45.25
材料	型钢	t	3699.72	0.00416	0.00520	0.00680
	圆钢 $D5.5\sim9.0$	t	3896.14	0.00416	0.00520	0.00680
	镀锌薄钢板 $\delta0.50\sim0.65$	t	4438.22	0.0008	0.0010	0.0012
	普碳钢板 Q195～Q235 $\delta3.5\sim4.0$	t	3945.80	0.00672	0.00840	0.01260
	酚醛调和漆	kg	10.67	1.6	2.0	2.5
	石棉扭绳 $D3$	kg	19.69	7.0	7.5	9.0
	氧气	m^3	2.88	11.84	14.00	20.20
	乙炔气	kg	14.66	3.91	4.62	6.67
	电焊条 E4303 $D3.2$	kg	7.59	9.04	11.30	14.70
	机油 5#～7#	kg	7.21	0.4	0.5	0.5
	煤油	kg	7.49	0.8	1.0	1.0
	铅油	kg	11.17	2.0	2.0	2.5
	零星材料费	元	—	4.08	4.73	6.17
机械	门座吊 30t	台班	543.55	0.65	0.84	0.96
	履带式起重机 15t	台班	759.77	0.32	0.34	0.48
	载货汽车 5t	台班	443.55	0.24	0.30	0.40
	交流弧焊机 32kV•A	台班	87.97	2.56	3.20	4.30
	卷扬机 单筒慢速 50kN	台班	211.29	0.06	0.08	0.12
	电焊条烘干箱 600×500×750	台班	27.16	0.26	0.32	0.43

单位：台

编号				3-110	3-111	3-112	3-113	3-114
项目				细粉分离器直径(mm)				
				1450	1600	1850	2150	2350
预算基价	总价(元)			**4199.06**	**4949.61**	**5371.92**	**6039.33**	**6996.47**
	人工费(元)			2979.45	3542.40	3846.15	4212.00	4568.40
	材料费(元)			310.17	355.62	392.62	443.15	481.52
	机械费(元)			909.44	1051.59	1133.15	1384.18	1946.55
组成内容		**单位**	**单价**	**数量**				
人工	综合工	工日	135.00	22.07	26.24	28.49	31.20	33.84
材料	型钢	t	3699.72	0.00400	0.00500	0.00500	0.00600	0.00600
	圆钢 *D*5.5～9.0	t	3896.14	0.00180	0.00200	0.00200	0.00300	0.00300
	镀锌薄钢板 δ0.50～0.65	t	4438.22	0.0042	0.0048	0.0052	0.0056	0.0060
	普碳钢板 Q195～Q235 δ3.5～4.0	t	3945.80	0.00400	0.00500	0.00500	0.00560	0.00600
	石棉扭绳 *D*3	kg	19.69	2.8	3.0	3.2	3.5	4.0
	氧气	m^3	2.88	9.00	10.00	11.00	12.00	13.00
	乙炔气	kg	14.66	2.97	3.30	3.63	3.96	4.29
	电焊条 E4303 *D*3.2	kg	7.59	12.00	14.00	16.00	18.50	20.00
	铅油	kg	11.17	0.8	1.0	1.1	1.3	1.5
	镀锌钢丝 *D*2.8～4.0	kg	6.91	3.8	4.5	5.5	6.0	6.5
	零星材料费	元	—	3.07	3.52	3.89	4.39	4.77
机械	门座吊 30t	台班	543.55	0.50	0.60	0.70	0.80	1.20
	履带式起重机 15t	台班	759.77	0.40	0.48	0.48	0.65	0.56
	载货汽车 5t	台班	443.55	0.18	0.20	0.20	0.25	0.56
	交流弧焊机 32kV•A	台班	87.97	2.80	3.00	3.30	3.80	4.00
	电焊条烘干箱 600×500×750	台班	27.16	0.28	0.30	0.33	0.38	0.40
	门式起重机 30t	台班	743.10	—	—	—	—	0.27
	卷扬机 单筒慢速 50kN	台班	211.29	—	—	—	—	0.27

4.除尘器安装

单位：台

编号				3-115	3-116	3-117	3-118
项目				水膜式			
				金属筒体		混凝土筒体	
				*D*2600	*D*3100	*D*2600	*D*3100
预算基价	总价(元)			**16004.25**	**18284.97**	**11875.40**	**13192.11**
	人工费(元)			11151.00	12754.80	8251.20	9251.55
	材料费(元)			1507.36	1671.91	983.04	1078.43
	机械费(元)			3345.89	3858.26	2641.16	2862.13
组成内容		**单位**	**单价**	**数量**			
人工	综合工	工日	135.00	82.60	94.48	61.12	68.53
材料	水	m^3	7.62	5	—	—	—
	电	kW•h	0.73	278	282	278	282
	型钢	t	3699.72	0.01520	0.02040	0.01050	0.01450
	普碳钢板 Q195～Q235 δ3.5～4.0	t	3945.80	0.0176	0.0213	0.0140	0.0165
	橡胶板 δ1～3	kg	11.26	0.8	0.9	0.8	0.8
	石棉扭绳 *D*3	kg	19.69	2.780	2.920	2.930	2.930
	普通胶管 *D*13	m	18.33	17	20	—	—
	氧气	m^3	2.88	40.7	46.6	32.6	37.1
	乙炔气	kg	14.66	13.43	15.38	10.76	12.24
	电焊条 E4303 *D*3.2	kg	7.59	41.9	48.3	32.7	36.7
	气焊条 *D*<2	kg	7.96	1.4	1.5	1.9	2.0
	镀锌钢丝 *D*2.8～4.0	kg	6.91	13.00	14.25	9.20	9.35
	铅油	kg	11.17	2.43	2.70	2.33	2.33
	锯条	根	0.42	12	13	12	12
	零星材料费	元	—	—	—	9.73	10.68
机械	履带式起重机 15t	台班	759.77	0.23	0.26	0.17	0.19
	履带式起重机 20t	台班	778.65	2.41	2.84	1.92	2.08
	载货汽车 5t	台班	443.55	0.45	0.52	0.34	0.37
	交流弧焊机 32kV•A	台班	87.97	11.33	12.60	9.55	10.30
	卷扬机 单筒慢速 50kN	台班	211.29	0.32	0.36	—	—
	电焊条烘干箱 600×500×750	台班	27.16	1.13	1.26	0.96	1.03

编号				3-119	3-120	3-121	3-122	3-123
项目				旋风子式		多管式	除尘器附件	文丘里式捕滴管
				直径				直径4000
				900 (个)	1400 (个)	(t)	(t)	(台)
预算基价	总价(元)			**1477.62**	**2027.22**	**1718.34**	**2675.91**	**26442.95**
	人工费(元)			737.10	1046.25	1144.80	2049.30	16802.10
	材料费(元)			119.44	167.00	174.40	213.71	2836.76
	机械费(元)			621.08	813.97	399.14	412.90	6804.09
组成内容		单位	单价	数量				
人工	综合工	工日	135.00	5.46	7.75	8.48	15.18	124.46
材料	电	kW•h	0.73	16	25	—	—	195
	型钢	t	3699.72	0.00300	0.00400	0.00200	0.00300	0.03588
	普碳钢板 Q195～Q235 δ3.5～4.0	t	3945.80	0.0015	0.0020	0.0040	0.0040	0.0389
	石棉扭绳 *D*3	kg	19.69	1.700	2.500	3.500	1.500	8.109
	氧气	m^3	2.88	2.5	2.5	3.6	9.0	72.5
	乙炔气	kg	14.66	0.83	0.83	1.19	2.97	23.93
	电焊条 E4303 *D*3.2	kg	7.59	3.0	4.4	3.5	8.0	59.0
	镀锌钢丝 *D*2.8～4.0	kg	6.91	0.25	0.25	—	2.00	18.88
	铅油	kg	11.17	1.20	2.00	2.50	1.00	7.20
	水	m^3	7.62	—	—	—	—	10
	普通胶管 *D*13	m	18.33	—	—	—	—	42
	圆钢 *D*5.5～9.0	t	3896.14	—	—	—	—	0.0182
	道木 250×200×2500	根	452.90	—	—	—	—	0.25
	零星材料费	元	—	—	—	—	2.12	—
机械	履带式起重机 15t	台班	759.77	0.06	0.06	0.12	—	4.89
	履带式起重机 20t	台班	778.65	0.62	0.82	—	—	0.54
	载货汽车 5t	台班	443.55	0.06	0.06	0.10	0.10	0.78
	交流弧焊机 32kV•A	台班	87.97	0.73	1.14	1.20	2.20	15.80
	电焊条烘干箱 600×500×750	台班	27.16	0.07	0.11	0.14	0.22	1.58
	卷扬机 单筒慢速 50kN	台班	211.29	—	—	0.73	0.80	4.21

5.排污扩容器安装

单位：台

编号				3-124	3-125	3-126	3-127	3-128
项目				定期排污扩容器		连续排污扩容器		
				直径				
				1500	2000	850	1200	1500
预算基价	总价(元)			**2828.92**	**3712.36**	**3399.39**	**4670.34**	**5406.97**
	人工费(元)			1763.10	2299.05	2787.75	3800.25	4413.15
	材料费(元)			100.23	133.21	145.49	187.29	223.20
	机械费(元)			965.59	1280.10	466.15	682.80	770.62
组成内容		**单位**	**单价**	**数量**				
人工	综合工	工日	135.00	13.06	17.03	20.65	28.15	32.69
材料	型钢	t	3699.72	0.0015	0.0020	0.0010	0.0015	0.0015
	普碳钢板 Q195～Q235 δ3.5～4.0	t	3945.80	0.00150	0.00200	0.00200	0.00250	0.00300
	石棉橡胶板 中压 δ0.8～6.0	kg	20.02	1.2	1.5	1.2	1.5	1.7
	酚醛调和漆	kg	10.67	3.00	4.50	1.30	2.20	3.00
	氧气	m^3	2.88	1.5	1.8	1.8	2.1	2.4
	乙炔气	kg	14.66	0.50	0.59	0.59	0.69	0.79
	电焊条 E4303 *D*3.2	kg	7.59	1.60	2.00	4.00	4.50	5.00
	镀锌钢丝 *D*2.8～4.0	kg	6.91	1.15	1.38	0.80	1.00	1.30
	石棉橡胶板 高压 δ0.5～8.0	kg	21.45	—	—	1.0	1.3	1.7
	油浸石棉盘根 *D*6～10 250℃编制	kg	31.14	—	—	0.4	0.5	0.6
	铁砂布 0#～2#	张	1.15	—	—	3	4	5
	煤油	kg	7.49	—	—	1.0	1.5	1.5
	零星材料费	元	—	0.99	1.32	1.44	1.85	2.21
机械	履带式起重机 15t	台班	759.77	0.70	1.00	—	—	—
	汽车式起重机 8t	台班	767.15	0.32	0.38	0.15	0.25	0.32
	载货汽车 5t	台班	443.55	0.22	0.26	0.10	0.17	0.22
	交流弧焊机 32kV·A	台班	87.97	1.00	1.25	1.25	1.50	1.75
	电焊条烘干箱 600×500×750	台班	27.16	0.10	0.13	0.13	0.15	0.18
	门座吊 30t	台班	543.55	—	—	0.20	0.32	0.30
	卷扬机 单筒慢速 50kN	台班	211.29	—	—	0.40	0.50	0.50

6.疏水扩容器安装、排气消声器安装、暖风器安装

单位：台

编号				3-129	3-130	3-131	3-132	3-133	3-134	3-135
项目				疏水扩容器		排汽消声器				暖风器
				容积(m³)		多孔多次转折式中压级			多孔多次转折式高压级	
				≤1	≤2	0.4t	0.5t	0.8t	0.8t	
预算基价	总价(元)			**1786.62**	**2183.22**	**1968.18**	**2441.52**	**2784.29**	**3130.71**	**1258.21**
	人工费(元)			1200.15	1440.45	1305.45	1632.15	1958.85	2238.30	989.55
	材料费(元)			57.63	69.54	130.11	151.57	178.42	214.54	124.60
	机械费(元)			528.84	673.23	532.62	657.80	647.02	677.87	144.06
组成内容		**单位**	**单价**	**数量**						
人工	综合工	工日	135.00	8.89	10.67	9.67	12.09	14.51	16.58	7.33
材料	型钢	t	3699.72	0.0010	0.0012	0.0040	0.0050	0.0060	0.0070	0.0020
	普碳钢板 Q195～Q235 δ3.5～4.0	t	3945.80	0.00100	0.00120	0.00080	0.00100	0.00120	0.00200	0.00285
	石棉橡胶板 中压 δ0.8～6.0	kg	20.02	0.8	0.9	0.8	1.0	1.2	1.5	—
	酚醛调和漆	kg	10.67	1.20	1.50	1.40	1.70	2.00	1.70	0.89
	氧气	m³	2.88	1.2	1.5	2.8	3.0	3.6	5.0	2.1
	乙炔气	kg	14.66	0.40	0.50	0.92	0.99	1.19	1.65	0.69
	电焊条 E4303 D3.2	kg	7.59	1.20	1.56	4.70	5.00	5.60	6.50	3.00
	机油 5#～7#	kg	7.21	0.3	0.3	—	—	—	—	—
	石棉橡胶板 高压 δ0.5～8.0	kg	21.45	—	—	0.8	1.0	1.2	1.5	—
	镀锌钢丝 D2.8～4.0	kg	6.91	—	—	0.80	1.00	1.20	1.50	0.43
	热轧一般无缝钢管（综合）	t	4558.50	—	—	—	—	—	—	0.0018
	石棉扭绳 D3	kg	19.69	—	—	—	—	—	—	0.5
	道木 250×200×2500	根	452.90	—	—	—	—	—	—	0.07
	铅油	kg	11.17	—	—	—	—	—	—	0.32
	零星材料费	元	—	0.57	0.69	1.29	1.50	1.77	2.12	1.23
机械	履带式起重机 15t	台班	759.77	0.44	0.57	—	—	—	—	0.03
	汽车式起重机 8t	台班	767.15	0.12	0.15	0.12	0.15	0.18	0.15	—
	载货汽车 5t	台班	443.55	0.08	0.10	0.09	0.11	0.13	0.11	0.01
	交流弧焊机 32kV·A	台班	87.97	0.74	0.89	1.28	1.60	1.92	2.25	0.82
	电焊条烘干箱 600×500×750	台班	27.16	0.07	0.09	0.13	0.16	0.19	0.23	0.08
	门式起重机 30t	台班	743.10	—	—	0.20	0.25	—	—	—
	门座吊 30t	台班	543.55	—	—	0.25	0.30	0.51	0.57	—
	卷扬机 单筒慢速 50kN	台班	211.29	—	—	—	—	—	—	0.18
	试压泵 60MPa	台班	24.94	—	—	—	—	—	—	0.18

第二章　汽轮发电机设备

说　明

一、汽轮发电机本体：

(一)汽轮机本体安装：

1.工程范围：汽轮机、减速机、调节系统、主气门、联合气门的安装。

2.工作内容：

(1)设备解体、清理、各部分间隙测量、调整、组合、就位、找平、找正。

(2)随设备供应的斜垫铁研刮、现场增配平垫铁制作和研刮。

(3)垫铁的安装。

(4)随设备供应的一次仪表安装。

(5)找正用千斤顶、转子吊马、中心线架、转子支撑架等专用工具制作。

(6)基础临时栏杆、设备临时堆放架搭设与拆除。

(7)汽机低压缸排汽口临时木盖板敷设。

3.基价中已包括假轴的折旧摊销费用。

4.不包括汽轮机叶片频率测定。

(二)发电机本体安装：

1.工程范围：发电机、励磁机、副励磁机的安装。

(1)空冷发电机还包括：空气冷却器、发电机本体消防水管的安装。

(2)水冷发电机还包括：空气冷却器、水冷系统设备的安装。

2.工作内容：

(1)设备的起吊、就位、组合、安装、找平、找正、对轮找正、铰孔及连接。

(2)设备各部分间隙测量、调整。

(3)垫铁制作及安装。

(4)发电机的空气冷却器水压试验和风道安装。

3.不包括的工作内容：

(1)发电机及励磁机的电气部分检查、干燥、接线及电气调整试验。

(2)随机供应以外的水冷发电机冷却水管安装。

(三)备用励磁机安装：

1.工程范围：电动机、励磁机、空气冷却器的安装。

2.工作内容：

(1)设备的安装、找平、找正、对轮找正及连接等。

(2)垫铁制作及安装。

(3)空气冷却器水压试验及风道安装。

(4)分部试运转。

(5)对轮罩制作及安装。

3.不包括电动机、励磁机电气部分检查、干燥、接线及电气调整试验。

(四)汽轮机本体管道安装：

1.工程范围：随汽轮机本体设备供应的管道、管件、阀门的安装。

2.工作内容：

(1)管子清扫、切割、坡口加工、对口焊接、安装,法兰焊接与连接,支吊架安装、调整和固定。*D*76以下管子还包括管子揻弯及支吊架制作。

(2)阀门的清扫、检查、研磨、水压试验、安装及操作装置检查、安装。

(3)管道系统水压试验,油管路单根水压试验及法兰研磨与喷砂、清扫。

3.不包括的工作内容：

(1)蒸汽管道用蒸汽吹洗。

(2)电动与自动阀门的电气部件检查、接线及调整。

(3)由设计部门设计的非厂供的本体管道(整套设计或补充设计)安装。

4.基价的使用：

(1)按机组容量不同,如供应质量与基价所注明的质量有出入时,其本体管道安装在执行本子目时,应按质量予以调整。

(2)汽轮发电机的油管,包括设计单位设计的油管道的安装,执行本基价第六册《工业管道工程》DBD 29-306-2020中压碳钢管安装子目,并均乘以系数2.20。

(3)本体管道的无损检验费未计入基价,执行本册基价时按机组供货质量每吨增加1071.15元,其中人工为14.37工日。

(五)汽轮发电机整套空负荷试运转：

1.工程范围及工作内容：

(1)防爆油箱的配制、安装以及防爆油箱油管道的安装。

(2)危急保安器试验和调整。

(3)润滑油系统的灌油、油循环、油质过滤处理,各轴承油箱等清扫,油质合格后油系统的恢复。

(4)真空系统的灌水试验及试抽真空。

(5)气封系统的蒸汽吹扫(包括：管道接口的拆装、吹管、系统恢复)。

(6)调速系统静态试验和调整,试验后的前箱清扫封闭。

(7)发电机水冷系统的冲洗(包括：临时管道的连接,系统的冲洗、换水,达到水质合格)。

(8)汽机整套启动前配合热工进行汽机保护装置的试验调整。

(9)汽轮发电机整套空负荷试运转包括：各附属机械起动投入,暖管、暖机、升速、超速试验,调速系统动态试验,配合发电机的电气试验以及停机后的清扫、检查。

2.不包括调试人员及电厂运行人员发生的费用。

二、汽轮发电机成套附属机械设备：

1.工作内容：

(1)基础验收、刨平,基础框架安装。

(2)设备搬运、开箱、清点、检修、安装、分部试运转。

(3)垫铁、定位销、对轮保护罩的配制与安装,轴瓦冷却水管道安装。

(4)一次仪表等附件的安装。

(5)设备金属表面油漆。

(6)配合二次灌浆。

2.不包括的工作内容：

(1)电动机的检查、干燥、接线与空转试验。

(2)平台、梯子、栏杆、基础框架、地脚螺栓的配制。

(3)基础二次灌浆。

3.凡基价中包括的配制工作,均已将所需的主材或材料计入基价。

4.不包括轴承冷却水管、一次仪表、表管、阀门及表盘等部件的本身费用(随设备供应)。

(一)给水泵安装：

工程范围及工作内容：

1.轴及转子小装检查并测量各部,密封环测量检查,主轴承检查、组装,水泵组装,测量、调整推力间隙。

2.水泵及电动机安装。

(二)循环水泵安装：

工程范围及工作内容：轴和转子的检查,测量各部间隙、瓢偏和晃度,轴承的检修、研刮,各部套间隙调整,水泵组合安装,电动机安装。

(三)凝结水泵安装：

工程范围及工作内容：水泵检查、组合,泵、电动机安装。

三、汽轮发电机专用辅助设备：

1.工作内容：

(1)设备搬运、开箱、检查、安装。

(2)基础检查、画线、测量标高。
(3)垫铁制作及安装。
(4)就地一次仪表安装。
(5)设备水位表的安装及水位计保护罩的制作和安装。
(6)非保温设备金属表面油漆。
(7)配合二次灌浆。
2.不包括的工作内容:
(1)设备保温及保温面油漆。
(2)基础二次灌浆。
(3)不随设备供货而与设备连接的各种管道的安装。
3.凡基价中包括的配制工作,均已将配制所需的主材或材料计入基价。
(一)凝汽器组合安装:
1.工程范围及工作内容:
(1)凝汽器就位,初步找正,端盖拆装。
(2)管孔板的清扫、检查,铜管性能试验、水压试验以及有关工具的制作。
(3)铜管打磨、试胀、穿管、胀管、切割与翻边。
(4)凝汽器汽侧灌水试验,喉部临时封闭。
(5)弹簧座的检查、安装、调整,凝汽器最后找正并与汽缸连接。
(6)水位调整器安装及支架配制与安装,水位计连通管的配制与安装,热水井安装。
(7)凝汽器本体上安全阀的检查、安装。
2.不包括的工作内容:
(1)铜管及铜管头退火,退火工具的制作(铜管如需退火时,按设备缺陷处理)。
(2)凝汽器水位调整器的汽、水侧连接管道安装。
(3)凝汽器水封管及放水管的安装。
(二)除氧器及水箱安装:
1.工程范围及工作内容:
(1)除氧器水箱托架的安装,水箱体的组合、安装,人孔盖的安装。
(2)除氧器吊装并与水箱大小头及拉筋板找正焊接,除氧器本体组装。
(3)水位调节阀检查、安装,消声管及水箱内梯子安装,水箱内部油漆。
(4)蒸汽压力调整阀检查、安装。

(5)水封装置或溢水装置安装。
2.不包括蒸汽压力调整阀的自动调整装置安装。
(三)加热器安装:
1.工程范围及工作内容:
(1)加热器检查、拖运、起吊、就位。
(2)加热器水压试验。
(3)疏水器及危急泄水器的检修、安装,支架安装。
2.不包括的工作内容:
(1)疏水器及危急泄水器支架制作。
(2)疏水器与加热器间汽、水侧连接管的安装。
(3)加热器空气门及空气管的配制、安装。
(4)加热器液压保护装置阀门及管道系统安装。
(5)加热器水侧出、入口自动阀检修、安装。
(6)电磁阀、快速电动闸阀电气系统的接线、调整。
(四)抽气器安装:
1.工程范围及工作内容:
(1)抽气器的解体、检查、组装、起吊、就位。
(2)抽气器水侧、混合侧水压试验,逆止阀检查、研磨及灌水试验。
2.不包括抽气器的空气管、射水管或蒸汽管安装。
(五)冷油器、主油箱安装:
1.工程范围及工作内容:
(1)主油箱的支吊架安装,油箱就位,法兰及放油阀门研磨、安装,油箱内部及滤网清扫,注油器、过压阀检修、安装,油位计检查、安装。
(2)冷油器的检查、就位,法兰及放油、放空气阀门研磨、安装,冷油器水压试验。
2.不包括的工作内容:
(1)油箱支吊架制作。
(2)排烟风机及风管安装。
(六)滤油器、滤水器安装:
1.工程范围及工作内容:
(1)滤油器的解体、清扫、检查、转向阀研磨、组装,就位安装。
(2)滤水器解体检查,水压试验,就位安装。

2.不包括滤油器支架制作。

四、本章各子目均包括以下工作内容：

1.设备搬运、开箱、清点、检查。

2.基础检查、验收、测量标高。

3.非保温设备或管道金属表面油漆。

4.配合二次灌浆。

五、本章各子目均不包括以下工作内容：

1.基础二次灌浆。

2.设备或管道保温及保温面油漆。

3.凡基价中包括的配制工作，均已将所需的主材或材料计入基价。

工程量计算规则

一、汽轮机本体安装区别机型型号,按设计图示数量计算。

二、发电机本体安装区别不同型号,按设计图示数量计算,其范围包括发电机及主、副励磁机的安装。

三、备用励磁机安装区别不同型号,按设计图示数量计算,其范围包括电动机、励磁机检查、安装。

四、汽轮机本体管道安装区别不同机组容量及全套管道质量,按设计图示数量计算。

五、汽轮发电机整套空负荷试运转,按设计图示数量计算。

六、给水泵、循环水泵、凝结水泵区别不同容量及型号,按设计图示数量计算。

七、凝汽器、除氧器及水箱、加热器、抽气器、冷油器、主油箱、滤油器、滤水器安装等区别机组配备和型号,按设计图示数量计算。

一、汽轮发电机本体安装

1.汽轮机本体安装

单位：台

编号				3-136	3-137	3-138	3-139	3-140	3-141	3-142
项目				背压式汽轮机			抽汽式汽轮机			
				B6-35/5	B12-90/37	B25-90/10	C6-35/5	C12-35/10 C12-35/5	CC12/35/10/1.2 CC12/16/5	CC25-8.83/0.98
预算基价	总价(元)			**112977.74**	**137347.38**	**248877.27**	**123882.51**	**131927.86**	**136707.05**	**247560.97**
	人工费(元)			78943.95	117104.40	160942.95	86022.00	112656.15	116518.50	164027.70
	材料费(元)			7417.12	9061.90	15713.75	8130.62	9113.95	9713.08	14342.08
	机械费(元)			26616.67	11181.08	72220.57	29729.89	10157.76	10475.47	69191.19
组成内容		单位	单价	数量						
人工	综合工	工日	135.00	584.77	867.44	1192.17	637.20	834.49	863.10	1215.02
材料	电	kW·h	0.73	22	26	34	28	22	24	38
	型钢	t	3699.72	0.32000	0.44300	0.89000	0.36100	0.43200	0.44200	0.71365
	圆钢 D15～24	t	3894.21	0.0200	0.0215	0.0253	—	—	—	—
	弹簧钢	t	5653.93	0.0150	0.0150	0.0150	0.0206	0.0155	0.0158	0.0158
	镀锌薄钢板 δ0.50～0.65	t	4438.22	0.00200	0.00250	0.00250	0.00206	0.00258	0.00263	0.00630
	热轧一般无缝钢管（综合）	t	4558.50	0.015	0.015	0.105	0.015	0.015	0.015	0.110
	普碳钢板 Q195～Q235 δ8～20	t	3843.31	0.14000	0.19845	0.51300	0.14100	0.19800	0.20100	0.33915
	不锈钢板 0Cr18Ni9Ti 0.05～0.50	t	15549.68	0.00160	0.00195	0.00350	0.00170	0.00190	0.00195	0.00291
	塑料布	kg	10.93	2.8	2.8	3.5	2.0	3.0	3.0	4.0
	石棉橡胶板 高压 δ1～6	kg	23.57	1.8	4.9	9.7	2.5	7.7	7.8	8.7
	橡胶板 δ1～3	kg	11.26	1.8	2.7	3.6	1.9	2.5	2.5	3.8
	耐油石棉橡胶板 δ0.8	kg	36.99	3.0	3.0	5.4	3.9	3.9	3.9	4.1
	保险丝 5A	轴	7.05	3	4	5	3	4	4	5
	喷漆	kg	22.50	5.0	6.0	7.5	5.0	7.5	7.9	8.8
	清漆 Y01-1	kg	13.35	0.15	0.15	2.00	0.15	0.20	0.22	0.22
	硝基快干腻子	kg	15.26	2.00	2.50	2.00	2.00	2.50	2.63	3.20
	精制六角带帽螺栓 M16×(61～80)	套	1.35	25	26	28	28	25	27	32
	精制六角螺母 M12～16	个	0.32	40	60	80	41	12	53	84
	黄铜棒 D7～80	kg	80.46	2.0	2.0	3.0	2.0	2.0	2.5	3.3
	紫铜棒 D16～80	kg	92.76	3.0	3.0	4.0	3.9	3.0	3.5	4.4
	胶木棒 D35	kg	12.27	0.50	0.50	1.00	0.70	0.50	0.55	1.10
	木材 方木	m^3	2716.33	0.20	0.26	0.43	0.26	0.27	0.38	0.42
	木炭	kg	4.76	20.0	20.0	20.0	20.6	20.6	21.0	21.0
	钢丝 D0.1～0.5	kg	8.13	0.20	0.20	0.35	0.21	0.21	0.23	0.30

续前 单位：台

编号			3-136	3-137	3-138	3-139	3-140	3-141	3-142
项目			背压式汽轮机			抽汽式汽轮机			
			B6-35/5	B12-90/37	B25-90/10	C6-35/5	C12-35/10 C12-35/5	CC12/35/10/1.2 CC12/16/5	CC25-8.83/0.98
组成内容	单位	单价	数量						
材料 有机玻璃 $\delta<8$	kg	38.63	0.50	0.50	0.80	0.70	0.50	0.55	0.80
胶木板	kg	10.37	0.30	0.30	0.50	0.40	0.30	0.33	0.55
密封胶	支	20.97	42	42	60	42	42	42	60
普碳方钢 各种规格	t	3901.87	0.0050	0.0050	0.0060	0.0065	0.0065	0.0065	0.0065
氧气	m^3	2.88	61.20	71.57	124.80	64.80	69.60	72.00	114.34
乙炔气	kg	14.66	23.26	27.20	47.42	24.62	26.45	27.36	43.45
电焊条 E4303 $D3.2$	kg	7.59	34.00	39.83	71.00	36.00	40.00	40.00	64.15
气焊条 $D<2$	kg	7.96	2.70	2.70	3.80	2.78	2.70	2.75	2.75
镀锌钢丝 $D2.8\sim4.0$	kg	6.91	24.00	28.00	39.00	25.38	28.60	29.30	42.80
白布	m^2	10.34	9.5	11.3	16.2	11.0	11.0	11.6	16.0
破布	kg	5.07	0.50	0.60	0.50	0.50	0.60	0.63	0.70
棉纱	kg	16.11	21.5	29.7	41.8	23.7	29.2	30.0	42.5
铁砂布	张	1.56	130	160	260	137	157	164	258
医用胶布	筒	39.54	2.0	2.5	3.0	2.0	2.5	2.5	3.0
黑铅粉	kg	0.44	3.05	3.45	6.50	3.26	3.39	3.49	5.51
白铅粉	kg	26.31	1.00	1.00	1.00	1.03	1.03	1.05	1.05
红丹粉	kg	12.42	4.53	4.66	5.80	4.78	4.59	4.74	7.16
二硫化钼	kg	32.13	1.60	2.10	2.90	1.74	1.64	1.69	2.91
面粉	kg	1.90	5.75	7.00	9.25	6.60	6.88	7.21	8.76
黄干油	kg	15.77	2.20	2.50	4.00	1.29	2.36	2.43	4.07
煤油	kg	7.49	78.00	99.00	137.00	84.00	97.40	101.00	140.35
汽油 60#～70#	kg	6.67	6.00	8.50	10.50	7.65	6.00	6.58	9.80
汽轮机油	kg	10.84	13.70	14.50	22.90	15.20	14.30	14.90	22.66
隔电纸	m^2	10.73	1.60	1.90	2.00	1.65	1.86	1.89	2.00
信那水	kg	14.17	4.0	5.0	6.0	4.0	6.0	6.3	7.4
毛刷	把	1.75	4	4	5	4	4	4	5
钢丝刷	把	6.20	3	4	5	3	4	4	5
尼龙砂轮片 $D100\times16\times3$	片	3.92	11	13	17	14	14	15	15
鱼油	kg	9.52	5.4	6.8	12.0	6.1	6.7	7.0	7.9
脱化剂	kg	9.60	5.00	5.50	7.00	5.69	5.61	5.88	7.33
凡尔砂	kg	10.28	0.05	0.05	0.05	0.07	0.10	0.11	0.15

续前

单位：台

编号				3-136	3-137	3-138	3-139	3-140	3-141	3-142
项目				背压式汽轮机			抽汽式汽轮机			
				B6-35/5	B12-90/37	B25-90/10	C6-35/5	C12-35/10 C12-35/5	CC12/35/10/1.2 CC12/16/5	CC25-8.83/0.98
组成内容		单位	单价	数量						
材料	锯条	根	0.42	24	24	45	31	24	26	44
	圆钉 $D<70$	kg	6.68	1.20	1.50	1.50	1.71	1.52	1.63	2.69
	磷酸三钠	kg	4.79	2	3	4	2	3	4	5
	硼砂	kg	4.46	0.05	0.05	0.05	0.07	0.07	0.07	0.07
	裸铜线 $120mm^2$	kg	54.36	—	—	1.5	—	—	—	1.5
	石棉布	kg	27.50	—	—	3.5	—	—	—	3.5
	圆钢 $D25\sim32$	t	3884.17	—	—	—	0.01550	0.02112	0.02153	0.02680
	零星材料费	元	—	73.44	89.72	155.58	80.50	90.24	96.17	142.00
机械	汽车式起重机 8t	台班	767.15	0.26	0.71	0.61	0.44	0.70	0.71	1.00
	汽车式起重机 16t	台班	971.12	0.4	—	—	—	—	—	—
	汽车式起重机 20t	台班	1043.80	—	—	—	0.4	—	—	—
	载货汽车 5t	台班	443.55	0.36	0.98	0.85	0.61	0.97	0.98	1.38
	载货汽车 8t	台班	521.59	0.40	0.36	—	—	0.36	0.36	—
	交流弧焊机 32kV·A	台班	87.97	12.75	16.51	26.00	13.50	14.60	15.00	22.83
	电动空气压缩机 $1m^3$	台班	52.31	1.0	1.5	1.5	1.0	1.5	1.6	1.5
	内燃空气压缩机 $6m^3$	台班	330.12	9.50	11.41	13.55	10.00	9.15	9.60	11.76
	空气锤 75kg	台班	228.99	1.00	1.00	2.00	1.03	1.03	1.05	2.10
	普通车床 400×1000	台班	205.13	5.00	5.50	6.10	4.80	5.10	5.20	5.86
	牛头刨床 650	台班	226.12	3.00	3.13	4.00	3.10	3.10	3.10	4.20
	磨床	台班	304.83	0.50	0.50	0.50	0.70	0.50	0.60	0.65
	台式钻床 $D16$	台班	4.27	2	2	3	2	2	2	3
	台式砂轮机 $D250$	台班	19.99	5.5	7.5	11.0	5.5	7.0	10.0	12.0
	电焊条烘干箱 600×500×750	台班	27.16	1.28	1.65	2.60	1.35	1.46	1.50	2.28
	平板拖车组 15t	台班	1007.72	—	0.4	—	0.4	0.4	0.4	—
	平板拖车组 20t	台班	1101.26	—	0.72	—	—	0.72	0.72	—
	平板拖车组 30t	台班	1263.97	—	—	—	—	—	—	1.48
	平板拖车组 40t	台班	1468.34	—	—	1.48	—	—	—	—
	门式起重机 20t	台班	644.36	29.66	—	—	33.32	—	—	—
	门式起重机 30t	台班	743.10	—	1.48	1.48	—	1.48	1.48	1.48
	门式起重机 50t	台班	1106.42	—	—	52.51	—	—	—	50.28
	中频加热处理机 100kW	台班	96.25	—	—	1	—	—	—	1

2.发电机本体安装、备用励磁机安装

单位：台

编号				3-143	3-144	3-145	3-146	3-147	3-148
项目				发电机本体安装			备用励磁机安装		
				QF-6-2	QF2-12-2	QF2-25-2	TQSS2-25-2	QF-12-2	QF-25-2
预算基价	总价(元)			**44762.62**	**44546.18**	**79858.08**	**110691.80**	**7812.70**	**12989.39**
	人工费(元)			31684.50	38074.05	52276.05	75072.15	5080.05	7304.85
	材料费(元)			3103.64	3358.03	4297.44	6939.71	1365.73	2577.41
	机械费(元)			9974.48	3114.10	23284.59	28679.94	1366.92	3107.13
组成内容		单位	单价	数量					
人工	综合工	工日	135.00	234.70	282.03	387.23	556.09	37.63	54.11
材料	电	kW•h	0.73	8	8	13	413	920	2400
	型钢	t	3699.72	0.062	0.062	0.091	0.060	0.020	0.025
	圆钢 D15～24	t	3894.21	0.0097	0.0102	0.0107	0.0102	—	—
	镀锌薄钢板 δ0.50～0.65	t	4438.22	0.0030	0.0050	0.0064	0.0064	—	—
	热轧一般无缝钢管（综合）	t	4558.50	0.020	0.020	0.030	0.030	—	—
	普碳钢板 Q195～Q235 δ8～20	t	3843.31	0.204	0.230	0.260	0.488	—	—
	普碳钢板 Q195～Q235 δ0.50～0.65	t	4097.25	0.0010	0.0011	0.0013	0.0013	0.0010	0.0010
	普碳钢板 Q195～Q235 δ1.0～1.5	t	3992.69	0.005	0.005	0.010	0.012	—	—
	不锈钢板 0Cr18Ni9Ti 0.05～0.50	t	15549.68	0.00115	0.00135	0.00155	0.00430	—	—
	塑料布	kg	10.93	2	2	3	3	—	—
	石棉橡胶板 中压 δ0.8～6.0	kg	20.02	20.25	20.25	29.25	43.00	—	—
	橡胶板 δ4～10	kg	10.66	0.2	0.3	0.3	3.3	—	—
	喷漆	kg	22.50	5.00	5.44	6.60	7.00	1.20	1.40
	酚醛调和漆	kg	10.67	3.0	3.0	3.2	9.0	—	—
	硝基快干腻子	kg	15.26	1.75	1.80	2.30	2.40	0.40	0.48
	精制六角带帽螺栓 M10×75	套	0.76	20	20	29	16	—	—
	精制六角螺母 M12～16	个	0.32	80	80	80	80	—	—
	精制六角螺母 M24	个	1.60	20	20	20	20	—	—
	绝缘棒	kg	10.89	0.5	0.7	1.0	1.0	—	—
	木材 方木	m^3	2716.33	0.05	0.05	0.07	0.07	—	—
	羊毛毡 δ1～5	m^2	14.25	2.0	2.2	3.1	3.3	—	—
	钢丝 D0.1～0.5	kg	8.13	0.2	0.2	0.2	0.2	—	—
	密封胶	支	20.97	3	3	7	16	—	—

续前

单位：台

编号				3-143	3-144	3-145	3-146	3-147	3-148
项目				发电机本体安装			备用励磁机安装		
				QF-6-2	QF2-12-2	QF2-25-2	TQSS2-25-2	QF-12-2	QF-25-2
组成内容		**单位**	**单价**	**数量**					
材料	氧气	m^3	2.88	30.0	33.6	40.8	69.6	7.2	10.8
	乙炔气	kg	14.66	11.40	12.77	15.50	26.56	2.74	4.10
	电焊条 E4303 *D*3.2	kg	7.59	6.0	6.8	7.8	15.3	2.0	3.0
	镀锌钢丝 *D*2.8～4.0	kg	6.91	15.0	15.0	18.0	23.5	—	—
	白布	m^2	10.34	2.5	2.8	3.0	4.0	—	—
	破布	kg	5.07	0.54	0.67	0.57	0.73	0.10	0.20
	棉纱	kg	16.11	5.45	7.40	9.80	10.35	1.00	2.00
	铁砂布	张	1.56	52	63	63	81	5	6
	医用胶布	筒	39.54	1	1	1	1	—	—
	红丹粉	kg	12.42	0.35	0.35	0.40	0.83	—	—
	面粉	kg	1.90	0.5	0.5	0.8	1.2	—	—
	黄干油	kg	15.77	1.0	1.0	1.5	2.0	—	—
	机油 $5^{\#}$～$7^{\#}$	kg	7.21	2	2	3	3	—	—
	煤油	kg	7.49	13.0	15.0	19.5	45.0	—	—
	铅油	kg	11.17	1.0	1.0	1.0	1.6	—	—
	汽轮机油	kg	10.84	2.90	2.90	4.60	5.15	—	—
	信那水	kg	14.17	4.64	4.74	5.96	6.60	1.00	1.20
	毛刷	把	1.75	3	4	4	5	—	—
	钢丝刷	把	6.20	2	3	3	4	—	—
	铜焊条 铜107 *D*3.2	kg	51.27	0.3	0.3	0.3	0.3	—	—
	尼龙砂轮片 *D*100×16×3	片	3.92	4	4	5	5	—	—
	脱化剂	kg	9.60	2.0	2.5	4.0	2.0	—	—
	环氧树脂	kg	28.33	0.1	0.2	0.2	0.4	—	—
	硼砂	kg	4.46	0.1	0.1	0.1	0.1	—	—
	磷酸三钠	kg	4.79	2	2	3	3	—	—
	圆钢 *D*>32	t	3740.04	—	—	—	0.025	—	—
	普碳钢板 Q195～Q235 $\delta>31$	t	4001.15	—	—	—	0.050	—	—
	精制六角螺母 M50～60	个	6.49	—	—	—	4	—	—
	隔电纸	m^2	10.73	—	—	—	2.2	—	—

续前

单位：台

编号				3-143	3-144	3-145	3-146	3-147	3-148
项目				发电机本体安装			备用励磁机安装		
				QF-6-2	QF2-12-2	QF2-25-2	TQSS2-25-2	QF-12-2	QF-25-2
组成内容		单位	单价	数量					
材料	普碳钢板 Q195～Q235 δ21～30	t	3614.76	—	—	—	—	0.120	0.130
	精制六角螺母 M30	个	2.94	—	—	—	—	6	6
	汽油 60# ～70#	kg	6.67	—	—	—	—	0.5	0.5
	零星材料费	元	—	30.73	33.25	42.55	68.71	13.52	25.52
机械	载货汽车 5t	台班	443.55	0.48	0.46	—	—	0.10	0.20
	载货汽车 8t	台班	521.59	0.16	0.18	—	—	—	—
	载货汽车 15t	台班	809.06	0.18	—	—	—	—	—
	交流弧焊机 32kV•A	台班	87.97	2.75	3.25	4.75	9.25	0.50	0.50
	电动空气压缩机 $1m^3$	台班	52.31	0.5	0.6	0.7	0.7	0.5	0.5
	内燃空气压缩机 $6m^3$	台班	330.12	3.50	3.50	5.25	6.25	—	—
	试压泵 60MPa	台班	24.94	1.5	1.5	2.0	5.0	—	—
	台式砂轮机 *D*250	台班	19.99	2	3	4	4	—	—
	电焊条烘干箱 600×500×750	台班	27.16	0.28	0.33	0.48	0.93	0.05	0.05
	平板拖车组 30t	台班	1263.97	—	0.24	—	—	—	—
	平板拖车组 40t	台班	1468.34	—	—	0.71	0.93	—	—
	平板拖车组 60t	台班	1632.92	—	—	0.25	0.25	—	—
	门式起重机 20t	台班	644.36	11.32	—	—	—	—	—
	门式起重机 30t	台班	743.10	—	—	—	0.21	1.00	—
	门式起重机 50t	台班	1106.42	—	—	16.00	19.43	—	2.00
	磨床	台班	304.83	—	—	1	1	—	—
	普通车床 400×1000	台班	205.13	0.50	0.50	2.00	3.25	1.00	1.00
	普通车床 630×2000	台班	242.35	—	—	—	0.25	—	—
	履带式起重机 15t	台班	759.77	0.82	—	0.71	0.93	—	—
	履带式起重机 30t	台班	934.85	—	0.88	0.19	—	—	—
	履带式起重机 50t	台班	1422.70	—	—	0.25	0.25	—	—
	立式钻床 *D*25	台班	6.78	—	—	—	0.25	—	—
	台式钻床 *D*16	台班	4.27	1	2	3	3	—	—
	汽车式起重机 8t	台班	767.15	—	—	—	—	0.1	0.1
	牛头刨床 650	台班	226.12	—	—	—	—	1	2

3.汽轮机本体管道安装

(1)导汽管安装,汽封、疏水管安装

单位:套

编号				3-149	3-150	3-151	3-152	3-153	3-154
项目				导汽管安装			汽封、疏水管安装		
				机组容量(MW)/全套管道质量(t)					
				6/0.5	12/0.7	25/1.5	6/0.25	12/0.82	25/1.55
预算基价	总价(元)			**3211.19**	**3452.68**	**4096.13**	**6868.28**	**23536.00**	**21072.24**
	人工费(元)			2405.70	2492.10	2901.15	5710.50	19009.35	16807.50
	材料费(元)			227.86	269.35	404.39	751.09	2736.54	2323.54
	机械费(元)			577.63	691.23	790.59	406.69	1790.11	1941.20
组成内容		单位	单价	数量					
人工	综合工	工日	135.00	17.82	18.46	21.49	42.30	140.81	124.50
材料	电	kW•h	0.73	7	7	9	8	243	44
	型钢	t	3699.72	0.00539	0.00440	0.00300	0.06200	0.21400	0.17836
	石棉橡胶板 高压 δ1～6	kg	23.57	1.10	0.72	2.00	3.00	3.69	3.66
	石英砂	kg	0.28	120.0000	140.8000	80.0000	—	—	—
	氧气	m^3	2.88	7.20	10.80	14.40	23.52	84.24	75.60
	乙炔气	kg	14.66	2.74	4.10	5.47	8.94	32.01	28.73
	电焊条 E5015 *D*3.2	kg	9.17	6.00	6.41	16.30	6.78	33.20	39.73
	镀锌钢丝 *D*2.8～4.0	kg	6.91	1.14	2.16	2.63	11.00	45.50	42.00
	破布	kg	5.07	1.61	1.79	0.45	1.05	2.64	2.83
	石棉布	kg	27.50	0.13	0.25	0.30	—	—	—
	尼龙砂轮片 *D*100×16×3	片	3.92	1.3	1.8	2.4	2.5	10.0	12.0
	锯条	根	0.42	2	3	3	32	77	57
	黑铅粉	kg	0.44	—	0.30	0.40	0.45	1.14	1.05
	铅油	kg	11.17	—	0.01	0.03	0.04	0.04	0.04
	机油 5#～7#	kg	7.21	—	—	0.41	0.56	1.35	1.24

续前

单位：套

编号				3-149	3-150	3-151	3-152	3-153	3-154
项目				导汽管安装			汽封、疏水管安装		
				机组容量(MW)/全套管道质量(t)					
				6/0.5	12/0.7	25/1.5	6/0.25	12/0.82	25/1.55
组成内容		单位	单价	数量					
材料	砂子	t	87.03	—	—	—	0.26	1.58	0.65
	油浸石棉盘根 *D*4～5 450℃编制	kg	31.14	—	—	—	0.26	0.46	0.60
	合金钢气焊丝	kg	9.58	—	—	—	2.61	6.00	4.00
	铁砂布	张	1.56	—	—	—	2	6	6
	红丹粉	kg	12.42	—	—	—	0.07	0.14	0.14
	黄干油	kg	15.77	—	—	—	0.27	0.27	0.27
	煤油	kg	7.49	—	—	—	0.56	1.02	1.20
	凡尔砂	kg	10.28	—	—	—	0.15	0.27	0.25
	零星材料费	元	—	1.81	2.14	3.21	5.22	19.02	16.15
机械	汽车式起重机 8t	台班	767.15	0.09	0.12	0.09	0.01	0.08	0.09
	载货汽车 5t	台班	443.55	0.04	0.07	0.09	0.01	0.11	0.12
	直流弧焊机 20kW	台班	75.06	2.20	2.05	3.97	4.06	17.10	20.10
	内燃空气压缩机 $6m^3$	台班	330.12	0.91	1.08	0.66	0.14	0.61	0.43
	电焊条烘干箱 600×500×750	台班	27.16	0.22	0.21	0.40	0.41	1.71	2.01
	门式起重机 20t	台班	644.36	0.03	—	—	—	—	—
	门式起重机 30t	台班	743.10	—	0.07	—	—	0.06	—
	门式起重机 50t	台班	1106.42	—	—	0.14	—	—	0.02
	电动葫芦 单速 5t	台班	41.02	—	—	—	0.64	1.20	0.87
	试压泵 60MPa	台班	24.94	—	—	—	0.25	1.35	2.24
	卷扬机 单筒慢速 50kN	台班	211.29	—	—	—	—	0.1	—

(2) 蒸汽管安装、油管安装

单位：套

编号				3-155	3-156	3-157	3-158	3-159	3-160
项目				机组容量(MW)/全套管道质量(t)					
				6/0.20	12/0.22	25/0.28	6/0.8	12/0.9	25/2.75
预算基价	总价(元)			**4510.81**	**3881.25**	**2314.49**	**26491.71**	**29285.28**	**48258.21**
	人工费(元)			3871.80	3316.95	1948.05	21370.50	23350.95	38861.10
	材料费(元)			475.18	396.41	172.63	1864.37	2465.53	3354.63
	机械费(元)			163.83	167.89	193.81	3256.84	3468.80	6042.48
组成内容		**单位**	**单价**	**数量**					
人工	综合工	工日	135.00	28.68	24.57	14.43	158.30	172.97	287.86
材料	电	kW·h	0.73	4	4	4	31	63	62
	型钢	t	3699.72	0.04500	0.03900	0.01332	0.13350	0.09600	0.15600
	石棉橡胶板 高压 $\delta1\sim6$	kg	23.57	0.69	0.69	0.54	—	—	—
	砂子	t	87.03	0.19	0.17	—	—	—	—
	油浸石棉盘根 $D4\sim5$ 450℃编制	kg	31.14	0.21	0.20	0.21	—	—	—
	氧气	m^3	2.88	16.22	12.85	4.80	39.84	71.88	60.00
	乙炔气	kg	14.66	6.16	4.88	1.82	15.14	27.31	22.80
	电焊条 E5015 $D3.2$	kg	9.17	2.30	2.51	2.85	20.00	40.00	56.60
	气焊条 $D<2$	kg	7.96	2.44	1.74	0.41	2.35	1.77	3.26
	镀锌钢丝 $D2.8\sim4.0$	kg	6.91	7.48	5.15	1.54	—	—	—
	破布	kg	5.07	0.81	0.71	0.52	9.76	10.40	20.00
	黑铅粉	kg	0.44	0.05	0.27	0.27	0.75	0.86	1.25
	红丹粉	kg	12.42	0.14	0.06	0.06	1.31	2.53	3.51
	黄干油	kg	15.77	0.14	0.12	0.10	—	—	—
	机油 5# ～7#	kg	7.21	0.38	0.35	0.35	2.08	3.64	5.82
	煤油	kg	7.49	0.50	0.44	0.40	1.30	1.10	2.28
	尼龙砂轮片 $D100\times16\times3$	片	3.92	1.0	1.0	1.0	11.0	14.6	17.3
	锯条	根	0.42	30	23	8	22	19	33

续前 **单位：套**

编号				3-155	3-156	3-157	3-158	3-159	3-160
项目				机组容量(MW)/全套管道质量(t)					
				6/0.20	12/0.22	25/0.28	6/0.8	12/0.9	25/2.75
组成内容		单位	单价	数量					
材料	凡尔砂	kg	10.28	0.14	0.12	0.10	0.15	0.15	0.25
	塑料布	kg	10.93	—	—	—	2.07	2.05	4.29
	耐油石棉橡胶板 δ0.8	kg	36.99	—	—	—	3.06	3.93	7.05
	酚醛调和漆	kg	10.67	—	—	—	5.08	6.09	14.10
	酚醛防锈漆	kg	17.27	—	—	—	8.0	9.6	22.4
	油麻盘根 D6～25	kg	30.16	—	—	—	0.80	0.56	1.59
	石英砂	kg	0.28	—	—	—	849.6000	1409.6000	1230.4000
	镀锌钢丝 D0.7～1.2	kg	7.34	—	—	—	0.62	1.00	1.26
	铁砂布	张	1.56	—	—	—	2	4	4
	汽轮机油	kg	10.84	—	—	—	1.44	1.45	3.00
	丝绸	m	24.56	—	—	—	2.07	2.05	4.29
	铅油	kg	11.17	—	—	—	—	0.05	0.05
	零星材料费	元	—	4.70	3.92	1.71	—	—	—
机械	直流弧焊机 20kW	台班	75.06	1.32	1.48	1.52	18.44	22.60	29.60
	电动葫芦 单速 5t	台班	41.02	0.56	0.52	0.43	0.50	0.35	0.98
	内燃空气压缩机 $6m^3$	台班	330.12	0.10	0.08	—	4.55	4.35	8.96
	试压泵 60MPa	台班	24.94	0.21	0.20	0.29	4.30	2.20	7.98
	电焊条烘干箱 600×500×750	台班	27.16	0.13	0.15	0.15	1.84	2.26	2.96
	汽车式起重机 8t	台班	767.15	—	—	0.02	0.22	0.22	0.48
	载货汽车 5t	台班	443.55	—	—	0.03	0.04	0.05	0.17
	门式起重机 20t	台班	644.36	—	—	—	0.01	—	—
	门式起重机 30t	台班	743.10	—	—	—	—	0.02	—
	门式起重机 50t	台班	1106.42	—	—	0.02	—	—	0.09

(3) 逆止阀控制水管安装、抽汽管道安装

单位：套

编　号				3-161	3-162
项　目				逆止阀控制水管	抽汽管道
				机组容量(MW)/全套管道质量(t)	
				25/0.44	6/0.41
预算基价	总　价(元)			**12257.37**	**4347.91**
	人工费(元)			9944.10	3438.45
	材料费(元)			1589.97	375.34
	机械费(元)			723.30	534.12
组成内容		**单位**	**单价**	**数　量**	
人工	综合工	工日	135.00	73.66	25.47
材料	电	kW·h	0.73	3	9
	型钢	t	3699.72	0.1756	0.0180
	石棉橡胶板 中压 δ0.8～6.0	kg	20.02	1.35	2.10
	砂子	t	87.03	1.15	—
	橡胶石棉盘根 *D*4～5 250℃编制	kg	20.59	0.36	—
	氧气	m^3	2.88	60.60	9.72
	乙炔气	kg	14.66	23.03	3.70
	电焊条 E5015 *D*3.2	kg	9.17	13.05	10.87
	气焊条 $D<2$	kg	7.96	5.14	—
	镀锌钢丝 *D*2.8～4.0	kg	6.91	7.00	3.32
	破布	kg	5.07	1.17	1.00
	铁砂布	张	1.56	2	2
	黑铅粉	kg	0.44	0.57	0.21

续前 **单位：**套

编号				3-161	3-162
项目				逆止阀控制水管	抽汽管道
				机组容量(MW)/全套管道质量(t)	
				25/0.44	6/0.41
组成内容		**单位**	**单价**	**数量**	
材料	红丹粉	kg	12.42	0.12	0.06
	机油 5[#]～7[#]	kg	7.21	1.00	0.47
	煤油	kg	7.49	0.84	1.01
	铅油	kg	11.17	0.05	0.05
	尼龙砂轮片 D100×16×3	片	3.92	3.3	1.9
	凡尔砂	kg	10.28	0.12	0.10
	锯条	根	0.42	66	4
	油浸石棉盘根 D4～5 450℃编制	kg	31.14	—	0.67
	零星材料费	元	—	15.74	3.72
机械	交流弧焊机 32kV·A	台班	87.97	5.47	3.14
	内燃空气压缩机 6m^3	台班	330.12	0.67	—
	试压泵 60MPa	台班	24.94	0.24	0.89
	电焊条烘干箱 600×500×750	台班	27.16	0.55	0.31
	门式起重机 20t	台班	644.36	—	0.14
	汽车式起重机 8t	台班	767.15	—	0.1
	载货汽车 5t	台班	443.55	—	0.1
	电动葫芦 单速 5t	台班	41.02	—	0.39

4.汽轮发电机整套空负荷试运行

单位：台

编号				3-163	3-164	3-165	3-166	3-167	3-168
项目				抽气式			背压式		
				C6-35/5	C12-35/5 CC12/15/5	CC25-8.83/ 0.98/0.118	B6-35/5	B12-90/37	B25-90/12
预算基价	总　价(元)			**75010.43**	**86995.98**	**101782.09**	**54856.12**	**66949.38**	**76895.58**
	人工费(元)			56160.00	58590.00	61290.00	41985.00	47817.00	51435.00
	材料费(元)			13106.30	21824.44	32379.77	7195.85	12574.36	17417.12
	机械费(元)			5744.13	6581.54	8112.32	5675.27	6558.02	8043.46
组成内容		**单位**	**单价**	**数量**					
人工	综合工	工日	135.00	416.00	434.00	454.00	311.00	354.20	381.00
材料	蒸汽	t	—	(299)	(631)	(1094)	(220)	(463)	(800)
	除盐水	t	—	—	—	(55)	—	—	—
	水	m^3	7.62	80	140	250	—	—	—
	电	kW·h	0.73	4510	10760	18010	2010	4010	5010
	型钢	t	3699.72	0.070	0.070	0.070	0.070	0.070	0.070
	热轧角钢 ＜60	t	3721.43	0.03770	0.04524	0.04524	0.03116	0.04524	0.04524
	镀锌薄钢板 δ0.50～0.65	t	4438.22	0.056	0.084	0.098	0.056	0.084	0.098
	钢板平焊法兰 1.6MPa *DN*70	个	32.70	6	6	6	6	6	6
	塑料布	kg	10.93	0.5	0.5	0.5	0.5	0.5	0.5
	铜丝布 16目	m^2	117.37	4	4	4	2	4	4
	石棉橡胶板 高压 δ1～6	kg	23.57	6	8	8	—	—	—
	耐油橡胶板 δ3～6	kg	17.69	15	20	20	—	—	—
	精制六角带帽螺栓 M8×75	套	0.61	12	12	12	12	12	12
	黄铜棒 *D*7～80	kg	80.46	9	10	10	—	—	—
	紫铜棒 *D*16～80	kg	92.76	9	10	10	—	5	5
	油浸石棉铜丝盘根 *D*3 450℃编制	kg	36.63	2.5	2.5	3.0	2.0	2.5	3.0
	密封胶	支	20.97	16	16	16	12	14	16
	热轧无缝钢管 *D*51～70 δ4.7～7.0	t	4200.48	0.03918	0.03918	0.04144	—	—	—
	压制弯头 *D*76×6	个	11.05	6	6	6	6	6	6
	软化水	m^3	4.80	120	200	300	100	180	250
	氧气	m^3	2.88	14.4	21.6	21.6	14.4	21.6	21.6
	乙炔气	kg	14.66	4.75	7.13	7.13	4.75	7.13	7.13
	电焊条 E5015 *D*3.2	kg	9.17	23	30	30	—	—	—

续前　　　　　　　　　　　　　　　　　　　　　　　　　　　　　　　　　　**单位：**台

编号				3-163	3-164	3-165	3-166	3-167	3-168
项目				抽气式			背压式		
				C6-35/5	C12-35/5 CC12/15/5	CC25-8.83/ 0.98/0.118	B6-35/5	B12-90/37	B25-90/12
组成内容		单位	单价	数量					
材料	镀锌钢丝 *D*0.7～1.2	kg	7.34	20	25	25	—	—	—
	白布	m^2	10.34	5	8	8	4	5	6
	破布	kg	5.07	10	15	20	—	—	—
	棉纱	kg	16.11	6.0	6.0	7.5	4.0	5.0	5.0
	铁砂布	张	1.56	20	25	30	10	10	20
	医用胶布	筒	39.54	1	1	1	1	1	1
	耐油胶管	m	23.42	10	10	10	—	—	—
	面粉	kg	1.90	2	2	2	2	2	2
	煤油	kg	7.49	30	50	50	—	—	—
	汽油 60#～70#	kg	6.67	20	40	40	—	—	—
	汽轮机油	kg	10.84	237	437	767	232	432	762
	焊锡丝	kg	60.79	1.0	1.0	1.0	0.5	1.0	1.0
	滤油纸 300×300	张	0.93	600	700	820	550	650	700
	锯条	根	0.42	20	25	30	—	—	—
	尼龙砂轮片 *D*100×16×3	片	3.92	4.5	4.5	5.0	4.5	4.5	5.0
	石棉橡胶板 中压 *δ*0.8～6.0	kg	20.02	—	—	—	4	8	8
	热轧一般无缝钢管（综合）	t	4558.50	—	—	—	0.03000	0.04524	0.03200
	电焊条 E4303 *D*3.2	kg	7.59	—	—	—	20	23	25
	零星材料费	元	—	129.77	216.08	320.59	71.25	124.50	172.45
机械	载货汽车 5t	台班	443.55	0.2	0.3	0.3	0.2	0.3	0.3
	交流弧焊机 32kV•A	台班	87.97	16.5	16.5	17.0	18.5	19.0	19.0
	交流弧焊机 42kV•A	台班	122.40	2	2	2	—	—	—
	内燃空气压缩机 $6m^3$	台班	330.12	1	1	1	1	1	1
	普通车床 400×1000	台班	205.13	3	4	4	3	4	4
	滤油机	台班	32.16	12	18	19	12	18	19
	电焊条烘干箱 600×500×750	台班	27.16	1.85	1.85	1.90	1.85	1.90	1.90
	门式起重机 20t	台班	644.36	4	—	—	4	—	—
	门式起重机 30t	台班	743.10	—	4	—	—	4	—
	门式起重机 50t	台班	1106.42	—	—	4	—	—	4

二、汽轮发电机附属机械设备安装

1.电动给水泵安装

单位：台

编号				3-169	3-170	3-171
项目				*DN*-45-59 *P*=160kW	*DN*-72-59 *P*=290kW	*DN*-150-59 *P*=500kW
预算基价	总价(元)			**14266.73**	**17032.62**	**20675.37**
	人工费(元)			10824.30	12514.50	14262.75
	材料费(元)			1757.87	2731.52	4003.86
	机械费(元)			1684.56	1786.60	2408.76
组成内容		单位	单价	数量		
人工	综合工	工日	135.00	80.18	92.70	105.65
材料	电	kW·h	0.73	1280	2346	4000
	型钢	t	3699.72	0.006	0.006	0.007
	镀锌薄钢板 δ0.50～0.65	t	4438.22	0.0024	0.0040	0.0040
	普碳钢板 Q195～Q235 δ3.5～4.0	t	3945.80	0.071	0.096	0.097
	不锈钢板 0Cr18Ni9Ti 0.05～0.50	t	15549.68	0.0008	0.0008	0.0008
	塑料布	kg	10.93	2	2	2
	喷漆	kg	22.50	0.98	1.20	1.80
	酚醛磁漆	kg	14.23	0.2	0.2	0.2
	硝基快干腻子	kg	15.26	0.32	0.40	0.60
	紫铜皮	kg	86.14	0.2	0.2	0.2
	橡胶石棉盘根 *D*6～25 250℃编制	kg	25.04	3.0	4.3	4.3
	密封胶	支	20.97	3	3	3
	氧气	m^3	2.88	6	6	6
	乙炔气	kg	14.66	2.28	2.28	2.28
	电焊条 E4303 *D*3.2	kg	7.59	1	2	2
	气焊条 *D*<2	kg	7.96	0.5	0.6	0.6

续前

单位：台

编号				3-169	3-170	3-171
项目				*DN*-45-59 *P*=160kW	*DN*-72-59 *P*=290kW	*DN*-150-59 *P*=500kW
组成内容		**单位**	**单价**	**数量**		
材料	白布	m^2	10.34	0.5	0.5	0.5
	破布	kg	5.07	0.08	0.10	0.15
	棉纱	kg	16.11	2.3	2.6	2.9
	铁砂布	张	1.56	9	9	11
	黑铅粉	kg	0.44	0.4	0.5	0.5
	红丹粉	kg	12.42	0.3	0.4	0.4
	煤油	kg	7.49	2.0	2.0	2.5
	汽油 60#～70#	kg	6.67	2	3	3
	铅油	kg	11.17	0.5	0.5	0.5
	汽轮机油	kg	10.84	8.5	10.5	12.5
	青壳纸 δ0.1～1.0	kg	4.80	6	7	7
	信那水	kg	14.17	0.8	1.0	1.5
	锯条	根	0.42	5	6	6
机械	汽车式起重机 8t	台班	767.15	0.23	0.23	0.38
	载货汽车 8t	台班	521.59	0.13	0.13	0.19
	交流弧焊机 32kV·A	台班	87.97	0.25	0.25	0.25
	内燃空气压缩机 $6m^3$	台班	330.12	0.04	0.05	0.08
	普通车床 400×1000	台班	205.13	1.5	1.5	2.0
	牛头刨床 650	台班	226.12	2	2	2
	电焊条烘干箱 600×500×750	台班	27.16	0.03	0.03	0.03
	门式起重机 20t	台班	644.36	1	—	—
	门式起重机 30t	台班	743.10	—	1	—
	门式起重机 50t	台班	1106.42	—	—	1

2.循环水泵安装

单位：台

编号				3-172	3-173	3-174	3-175	3-176	3-177	3-178
项目				流量(t/h以内)						
				250	350	600	900	1500	2500	3500
预算基价	总价(元)			**5682.77**	**6329.77**	**7015.67**	**7968.15**	**10441.69**	**12089.30**	**13997.72**
	人工费(元)			4209.30	4488.75	4885.65	5691.60	7348.05	7851.60	8857.35
	材料费(元)			1009.34	1376.89	1350.65	1435.09	1862.21	2538.74	2892.70
	机械费(元)			464.13	464.13	779.37	841.46	1231.43	1698.96	2247.67
组成内容		**单位**	**单价**	**数量**						
人工	综合工	工日	135.00	31.18	33.25	36.19	42.16	54.43	58.16	65.61
材料	电	kW•h	0.73	440	880	600	600	1000	1520	1760
	型钢	t	3699.72	0.060	0.060	0.080	0.090	0.090	0.090	0.100
	镀锌薄钢板 δ0.50～0.65	t	4438.22	0.0008	0.0008	0.0008	0.0016	0.0016	0.0024	0.0024
	普碳钢板 Q195～Q235 δ3.5～4.0	t	3945.80	0.030	0.040	0.060	0.060	0.070	0.080	0.080
	不锈钢板 0Cr18Ni9Ti 0.05～0.50	t	15549.68	0.0001	0.0001	0.0001	0.0002	0.0002	0.0004	0.0007
	焊接钢管 *DN*20	m	6.32	3.7	3.7	3.7	5.0	7.5	8.0	9.0
	镀锌弯头 *DN*20	个	1.54	2	2	4	4	4	4	4
	塑料布	kg	10.93	1.0	1.0	1.0	1.0	1.0	1.5	1.5
	橡胶板 δ1～3	kg	11.26	1.5	1.5	1.8	3.0	3.5	4.0	6.0
	保险丝 5A	轴	7.05	0.1	0.1	0.2	0.2	0.2	0.2	0.2
	喷漆	kg	22.50	0.24	0.30	0.36	0.40	0.56	0.80	0.80
	硝基快干腻子	kg	15.26	0.08	0.10	0.12	0.12	1.60	0.20	0.24
	紫铜皮	kg	86.14	0.10	0.10	0.10	0.15	0.15	0.15	0.15
	橡胶石棉盘根 *D*6～25 250℃编制	kg	25.04	1.7	1.7	2.0	2.1	2.1	2.1	3.4
	密封胶	支	20.97	2	2	2	2	2	2	2
	螺纹截止阀 J11T-16 *DN*20	个	15.30	2	2	2	2	2	2	2
	氧气	m^3	2.88	3	3	3	3	7	7	8
	乙炔气	kg	14.66	1.14	1.14	1.14	1.14	2.66	2.66	3.04
	电焊条 E4303 *D*3.2	kg	7.59	0.5	0.5	0.5	0.5	1.0	1.0	1.5
	气焊条 *D*<2	kg	7.96	0.75	0.75	0.75	1.00	1.00	1.00	1.00
	镀锌钢丝 *D*2.8～4.0	kg	6.91	1	1	1	1	1	1	1

续前

单位：台

编号			3-172	3-173	3-174	3-175	3-176	3-177	3-178
项目			流量(t/h以内)						
			250	350	600	900	1500	2500	3500
组成内容	**单位**	**单价**	**数量**						
材料 白布	m^2	10.34	0.3	0.3	0.3	0.4	0.4	0.4	0.5
破布	kg	5.07	0.02	0.02	0.02	0.03	0.04	0.05	0.06
棉纱	kg	16.11	0.8	0.9	1.3	1.5	1.6	1.7	2.0
铁砂布	张	1.56	4	4	5	6	6	7	8
黑铅粉	kg	0.44	0.05	0.05	0.05	0.05	0.10	0.10	0.20
红丹粉	kg	12.42	0.1	0.1	0.1	0.1	0.1	0.1	0.1
面粉	kg	1.90	0.2	0.2	0.2	0.2	0.3	0.3	0.4
黄干油	kg	15.77	1	1	1	1	1	2	3
煤油	kg	7.49	2	2	2	2	2	5	7
汽油 60#～70#	kg	6.67	2	2	2	2	2	5	7
铅油	kg	11.17	0.5	0.5	0.5	0.6	0.9	0.9	1.6
汽轮机油	kg	10.84	2.5	2.5	2.5	2.8	2.8	4.0	4.0
青壳纸 δ0.1～1.0	kg	4.80	0.6	0.6	0.6	0.6	0.6	0.6	0.6
信那水	kg	14.17	0.20	0.25	0.30	0.30	0.40	0.60	0.60
锯条	根	0.42	2	2	3	3	4	4	5
木材 一级红白松	m^3	3396.72	—	—	—	—	—	0.05	0.05
零星材料费	元	—	8.01	10.93	10.72	11.39	14.78	20.15	22.96
机械 汽车式起重机 8t	台班	767.15	0.13	0.13	0.13	0.18	0.18	0.25	0.38
载货汽车 8t	台班	521.59	0.07	0.07	0.07	0.09	0.09	0.13	0.20
交流弧焊机 32kV·A	台班	87.97	0.25	0.25	0.25	0.25	0.50	0.50	0.75
内燃空气压缩机 6m^3	台班	330.12	0.01	0.01	0.01	0.02	0.02	0.03	0.03
普通车床 400×1000	台班	205.13	1	1	1	1	1	1	1
电焊条烘干箱 600×500×750	台班	27.16	0.03	0.03	0.03	0.03	0.05	0.05	0.08
台式砂轮机 D250	台班	19.99	—	—	—	0.5	0.5	0.5	0.5
牛头刨床 650	台班	226.12	—	—	1.0	1.0	1.0	1.5	2.0
门式起重机 20t	台班	644.36	0.15	0.15	—	—	—	—	—
门式起重机 30t	台班	743.10	—	—	0.25	0.25	—	—	—
门式起重机 50t	台班	1106.42	—	—	—	—	0.50	0.75	1.00

3.凝结水泵安装

单位：台

编号				3-179	3-180	3-181	3-182
项目				功率(kW以内)			
				6	13	22	40
预算基价	总价(元)			**3750.67**	**4357.59**	**5211.87**	**6335.76**
	人工费(元)			3133.35	3325.05	3889.35	4322.70
	材料费(元)			334.90	556.81	668.55	841.42
	机械费(元)			282.42	475.73	653.97	1171.64
组成内容		**单位**	**单价**	**数量**			
人工	综合工	工日	135.00	23.21	24.63	28.81	32.02
材料	电	kW·h	0.73	44	104	176	320
	普碳钢板 Q195～Q235 δ3.5～4.0	t	3945.80	0.020	0.060	0.060	0.060
	不锈钢板 0Cr18Ni9Ti 0.05～0.50	t	15549.68	0.0005	0.0008	0.0008	0.0010
	塑料布	kg	10.93	0.5	0.5	0.5	0.5
	橡胶板 δ1～3	kg	11.26	3	3	6	6
	喷漆	kg	22.50	0.12	0.16	0.20	0.24
	硝基快干腻子	kg	15.26	0.04	0.05	0.06	0.08
	紫铜皮	kg	86.14	0.1	0.1	0.1	0.1
	橡胶石棉盘根 D6～25 250℃编制	kg	25.04	0.7	0.8	0.8	0.9
	密封胶	支	20.97	2	2	2	2
	氧气	m^3	2.88	3	3	3	3
	乙炔气	kg	14.66	1.14	1.14	1.14	1.14
	电焊条 E4303 D3.2	kg	7.59	0.5	0.5	0.5	0.5
	气焊条 D<2	kg	7.96	1	1	1	2
	白布	m^2	10.34	0.2	0.2	0.2	0.2
	破布	kg	5.07	0.01	0.01	0.02	0.02
	铁砂布	张	1.56	4	4	5	6

续前 **单位：**台

编号				3-179	3-180	3-181	3-182
项目				功率(kW以内)			
				6	13	22	40
组成内容		**单位**	**单价**	**数量**			
材料	黑铅粉	kg	0.44	0.1	0.1	0.1	0.1
	红丹粉	kg	12.42	0.1	0.1	0.1	0.1
	煤油	kg	7.49	2.0	1.5	2.0	3.0
	汽油 60#～70#	kg	6.67	2.0	1.5	2.0	3.0
	铅油	kg	11.17	0.2	0.2	0.2	0.2
	汽轮机油	kg	10.84	2.3	4.0	5.4	6.4
	青壳纸 δ0.1～1.0	kg	4.80	0.2	0.2	0.3	1.4
	信那水	kg	14.17	0.10	0.15	0.15	0.20
	锯条	根	0.42	2	2	2	2
	保险丝 5A	轴	7.05	—	—	—	0.02
	棉纱	kg	16.11	—	—	—	1.2
	面粉	kg	1.90	—	—	—	0.5
机械	汽车式起重机 8t	台班	767.15	0.04	0.04	0.04	0.09
	载货汽车 5t	台班	443.55	0.03	0.03	0.03	0.07
	交流弧焊机 32kV·A	台班	87.97	0.25	0.25	0.25	0.25
	普通车床 400×1000	台班	205.13	0.5	0.5	0.5	0.5
	牛头刨床 650	台班	226.12	0.5	0.5	0.5	0.5
	电焊条烘干箱 600×500×750	台班	27.16	0.03	0.03	0.03	0.03
	门式起重机 20t	台班	644.36	—	0.30	—	—
	门式起重机 30t	台班	743.10	—	—	0.50	—
	门式起重机 50t	台班	1106.42	—	—	—	0.75
	内燃空气压缩机 $6m^3$	台班	330.12	—	—	—	0.01

三、汽轮机辅助设备安装

1.凝汽器组合安装

单位：台

编号				3-183	3-184	3-185
项目				N-560	N-1000	N-2000
预算基价	总价(元)			**11174.64**	**45942.82**	**58820.79**
	人工费(元)			7466.85	37408.50	45553.05
	材料费(元)			1641.30	4037.58	6008.41
	机械费(元)			2066.49	4496.74	7259.33
组成内容		单位	单价	数量		
人工	综合工	工日	135.00	55.31	277.10	337.43
材料	水	m^3	7.62	80	140	250
	型钢	t	3699.72	0.005	0.010	0.015
	普碳钢板 Q195～Q235 δ8～20	t	3843.31	0.080	0.185	0.313
	镀锌钢管 DN50	m	24.59	0.62	1.95	1.95
	石棉橡胶板 低压 δ0.8～6.0	kg	19.35	9.00	29.00	19.35
	酚醛调和漆	kg	10.67	5.00	7.00	10.25
	石棉扭绳 D6～10	kg	19.43	1.1	1.6	2.1
	钢丝 D0.1～0.5	kg	8.13	0.05	0.05	0.05
	氧气	m^3	2.88	15.0	15.5	33.0
	乙炔气	kg	14.66	5.70	5.89	12.54
	电焊条 E4303 D4	kg	7.58	8.7	14.7	69.0
	气焊条 D<2	kg	7.96	0.7	0.8	1.0
	镀锌钢丝 D2.8～4.0	kg	6.91	5.6	7.8	8.9
	白布	m^2	10.34	0.50	0.71	0.78
	破布	kg	5.07	0.02	0.03	0.04
	棉纱	kg	16.11	2.3	10.7	12.9
	铁砂布	张	1.56	8	127	141
	黑铅粉	kg	0.44	1.15	1.45	0.75
	红丹粉	kg	12.42	0.65	0.85	0.05
	煤油	kg	7.49	11.0	12.3	13.3

续前

单位：台

编号				3-183	3-184	3-185
项目				N-560	N-1000	N-2000
组成内容		单位	单价	数量		
材料	铅油	kg	11.17	2.0	3.7	4.3
	汽轮机油	kg	10.84	0.15	2.00	2.30
	松香水	kg	9.92	0.40	0.54	0.80
	鱼油	kg	9.52	1.5	2.0	—
	木板	m^3	1672.03	—	0.12	0.17
	黄干油	kg	15.77	—	18	20
	钢丝刷	把	6.20	—	18	20
	零星材料费	元	—	16.25	39.98	59.49
机械	交流弧焊机 32kV•A	台班	87.97	1.5	3.0	11.5
	内燃空气压缩机 $6m^3$	台班	330.12	0.3	1.4	1.4
	普通车床 400×1000	台班	205.13	0.5	0.5	0.5
	牛头刨床 650	台班	226.12	0.5	0.5	0.5
	台式砂轮机 $D250$	台班	19.99	1	2	2
	电焊条烘干箱 600×500×750	台班	27.16	0.02	0.03	1.15
	载货汽车 5t	台班	443.55	—	0.50	—
	载货汽车 15t	台班	809.06	0.23	—	—
	汽车式起重机 8t	台班	767.15	—	1.08	1.23
	汽车式起重机 16t	台班	971.12	0.46	—	—
	汽车式起重机 20t	台班	1043.80	—	0.53	—
	台式钻床 $D16$	台班	4.27	—	0.5	0.5
	电动单级离心清水泵 $D50$	台班	28.19	—	1.8	2.0
	门式起重机 20t	台班	644.36	1.50	—	—
	门式起重机 30t	台班	743.10	—	2.10	—
	门式起重机 50t	台班	1106.42	—	—	2.75
	平板拖车组 20t	台班	1101.26	—	0.27	—
	平板拖车组 40t	台班	1468.34	—	—	0.76
	履带式起重机 25t	台班	824.31	—	—	0.41

2.除氧器及水箱安装

单位：台

编号				3-186	3-187	3-188	3-189
项目				大气式水箱			喷雾填料式水箱
				容积(m^3)			
				25	40	75	50
预算基价	总价(元)			**15429.99**	**18417.68**	**23302.34**	**21781.04**
	人工费(元)			12201.30	14350.50	18466.65	17419.05
	材料费(元)			1333.87	1579.23	2432.46	1775.05
	机械费(元)			1894.82	2487.95	2403.23	2586.94
组成内容		**单位**	**单价**	**数量**			
人工	综合工	工日	135.00	90.38	106.30	136.79	129.03
材料	型钢	t	3699.72	0.0095	0.0115	0.0125	0.0115
	热轧一般无缝钢管 $D25\times4$	m	10.50	1.24	1.62	1.90	1.90
	普碳钢板 Q195～Q235 $\delta8\sim20$	t	3843.31	0.060	0.070	0.080	0.070
	镀锌钢管 $DN15$	m	6.70	12.3	12.3	11.3	11.3
	石棉橡胶板 低压 $\delta0.8\sim6.0$	kg	19.35	3.6	4.5	5.4	4.5
	汽包漆	kg	28.28	15.0	18.8	38.8	22.5
	石棉扭绳 $D6\sim10$	kg	19.43	0.3	0.3	0.4	0.4
	氧气	m^3	2.88	18	21	33	24
	乙炔气	kg	14.66	6.84	7.98	12.54	9.12
	电焊条 E4303 $D4$	kg	7.58	17.5	20.0	25.0	22.5
	气焊条 $D<2$	kg	7.96	0.3	0.4	0.5	0.5
	镀锌钢丝 $D2.8\sim4.0$	kg	6.91	15	17	20	20
	破布	kg	5.07	0.33	0.40	0.74	0.50
	棉纱	kg	16.11	2.9	3.2	5.0	3.5

续前

单位：台

编号			3-186	3-187	3-188	3-189
项目			大气式水箱			喷雾填料式水箱
			容积(m^3)			
			25	40	75	50
组成内容	单位	单价	数量			
材料 黑铅粉	kg	0.44	0.20	0.25	0.30	0.30
红丹粉	kg	12.42	0.05	0.05	0.05	0.05
煤油	kg	7.49	3.8	4.6	8.0	6.0
汽油 60#～70#	kg	6.67	0.30	0.38	0.68	0.45
铅油	kg	11.17	0.15	0.15	0.20	0.20
汽轮机油	kg	10.84	0.05	0.05	1.00	1.00
线麻	kg	11.36	0.01	0.01	0.01	0.01
凡尔砂	kg	10.28	0.03	0.03	0.03	0.03
机械 汽车式起重机 20t	台班	1043.80	0.25	0.50	—	0.50
载货汽车 8t	台班	521.59	0.5	—	—	—
直流弧焊机 20kW	台班	75.06	3.5	4.0	5.0	4.5
卷扬机 单筒慢速 50kN	台班	211.29	2.75	2.75	3.00	3.00
内燃空气压缩机 6m^3	台班	330.12	0.25	0.25	0.25	0.25
普通车床 400×1000	台班	205.13	0.50	0.75	0.75	0.75
台式砂轮机 *D*250	台班	19.99	1.0	1.0	1.5	1.5
电焊条烘干箱 600×500×750	台班	27.16	0.35	0.50	0.50	0.45
履带式起重机 10t	台班	642.29	0.49	—	—	—
履带式起重机 15t	台班	759.77	—	0.59	0.60	0.59
平板拖车组 30t	台班	1263.97	—	0.29	0.30	0.29
自升式塔式起重机 400kN•m	台班	558.13	—	—	0.5	—

3.加热器安装

(1)高压加热器安装

单位：台

编号				3-190	3-191	3-192	3-193
项目				加热面积(m²)			
				65	100	190	200
预算基价	总价(元)			**5846.97**	**7236.23**	**10878.53**	**12409.96**
	人工费(元)			3979.80	4957.20	7246.80	8572.50
	材料费(元)			505.96	548.23	652.03	737.99
	机械费(元)			1361.21	1730.80	2979.70	3099.47
组成内容		**单位**	**单价**	**数量**			
人工	综合工	工日	135.00	29.48	36.72	53.68	63.50
材料	普碳钢板 $\delta4.5\sim7.0$	t	3839.09	0.026	0.036	0.048	0.049
	石棉橡胶板 低压 $\delta0.8\sim6.0$	kg	19.35	13.1	13.1	14.2	18.4
	紫铜棒 $D16\sim80$	kg	92.76	0.2	0.2	0.2	0.2
	油浸石棉盘根 $D11\sim25$扭制	kg	31.14	0.25	0.25	0.50	0.50
	氧气	m³	2.88	7.5	7.5	7.5	7.5
	乙炔气	kg	14.66	2.85	2.85	2.85	2.85
	电焊条 E4303 $D3.2$	kg	7.59	2.6	2.6	2.6	2.6
	气焊条 $D<2$	kg	7.96	0.8	0.8	0.8	0.8
	镀锌钢丝 $D2.8\sim4.0$	kg	6.91	1.0	1.5	2.0	2.0
	棉纱	kg	16.11	1.00	1.00	2.00	2.00
	黑铅粉	kg	0.44	0.60	0.60	1.15	1.15
	红丹粉	kg	12.42	0.10	0.10	0.15	0.15

续前

单位：台

编号				3-190	3-191	3-192	3-193
项目				加热面积(m^2)			
				65	100	190	200
组成内容		单位	单价	数量			
材料	煤油	kg	7.49	0.6	0.6	1.2	1.2
	汽轮机油	kg	10.84	0.25	0.25	0.50	0.50
	凡尔砂	kg	10.28	0.01	0.01	0.01	0.01
	零星材料费	元	—	5.01	5.43	6.46	7.31
机械	载货汽车 5t	台班	443.55	0.20	—	—	—
	交流弧焊机 32kV·A	台班	87.97	0.75	0.75	0.75	0.75
	内燃空气压缩机 $6m^3$	台班	330.12	0.25	0.25	0.50	0.50
	试压泵 60MPa	台班	24.94	0.5	0.5	1.0	1.0
	普通车床 400×1000	台班	205.13	1.5	1.5	2.0	2.0
	电焊条烘干箱 600×500×750	台班	27.16	0.08	0.08	0.08	0.08
	门式起重机 30t	台班	743.10	0.88	—	—	—
	门式起重机 50t	台班	1106.42	—	0.88	1.63	1.63
	履带式起重机 10t	台班	642.29	0.23	0.24	—	—
	履带式起重机 20t	台班	778.65	—	—	0.36	0.41
	平板拖车组 20t	台班	1101.26	—	0.12	—	—
	平板拖车组 30t	台班	1263.97	—	—	0.18	—
	平板拖车组 40t	台班	1468.34	—	—	—	0.21

(2) 低压加热器安装

单位：台

编号				3-194	3-195	3-196	3-197
项目				加热面积(m²)			
				40	55	80	100
预算基价	总价(元)			**5094.95**	**5452.81**	**5955.78**	**7105.95**
	人工费(元)			3123.90	3364.20	3491.10	4487.40
	材料费(元)			593.85	650.70	691.58	767.45
	机械费(元)			1377.20	1437.91	1773.10	1851.10
组成内容		**单位**	**单价**	**数量**			
人工	综合工	工日	135.00	23.14	24.92	25.86	33.24
材料	普碳钢板 Q195～Q235 δ8～20	t	3843.31	0.060	0.065	0.075	0.078
	石棉橡胶板 低压 δ0.8～6.0	kg	19.35	8.1	9.0	9.0	9.5
	镀锌钢管 *DN*32	m	16.11	0.72	0.72	0.72	1.20
	紫铜皮	kg	86.14	0.5	0.5	0.5	0.9
	石棉扭绳 *D*4～5	kg	18.59	0.05	0.50	0.05	0.05
	氧气	m³	2.88	8.0	8.0	9.0	9.0
	乙炔气	kg	14.66	3.04	3.04	3.42	3.42
	电焊条 E4303 *D*3.2	kg	7.59	1.5	1.5	1.5	1.5
	气焊条 *D*<2	kg	7.96	0.3	0.5	0.5	0.5
	镀锌钢丝 *D*2.8～4.0	kg	6.91	2.0	3.0	3.0	4.0
	棉纱	kg	16.11	1.05	1.05	1.15	1.40

续前 **单位**：台

编号				3-194	3-195	3-196	3-197
项目				加热面积(m²)			
				40	55	80	100
组成内容		**单位**	**单价**	**数量**			
材料	黑铅粉	kg	0.44	0.40	0.40	0.40	0.50
	红丹粉	kg	12.42	0.05	0.05	0.05	0.05
	煤油	kg	7.49	1.2	1.5	1.6	1.8
	汽轮机油	kg	10.84	0.15	0.20	0.20	0.20
	凡尔砂	kg	10.28	0.03	0.03	0.03	0.03
	铅油	kg	11.17	0.05	0.10	0.10	0.10
	铜焊条 铜107 *D*3.2	kg	51.27	0.5	0.5	0.5	0.5
	硼砂	kg	4.46	0.2	0.2	0.2	0.2
机械	履带式起重机 10t	台班	642.29	0.17	0.23	0.17	0.24
	载货汽车 5t	台班	443.55	0.15	0.20	—	—
	交流弧焊机 32kV·A	台班	87.97	0.75	0.75	0.75	0.75
	内燃空气压缩机 6m³	台班	330.12	0.25	0.25	0.25	0.25
	普通车床 400×1000	台班	205.13	1.5	1.5	1.5	1.5
	门式起重机 30t	台班	743.10	1.00	1.00	—	—
	门式起重机 50t	台班	1106.42	—	—	1.00	1.00
	电焊条烘干箱 600×500×750	台班	27.16	0.08	0.08	0.08	0.08
	平板拖车组 20t	台班	1101.26	—	—	0.09	0.12

(3)其他加热器安装

单位：台

编号				3-198	3-199	3-200	3-201
项目				SL-20	SL-80	JC-26	QR-50
预算基价	总价(元)			**3728.98**	**4613.65**	**3026.11**	**3952.31**
	人工费(元)			2173.50	2824.20	1498.50	2230.20
	材料费(元)			377.14	415.19	412.22	447.38
	机械费(元)			1178.34	1374.26	1115.39	1274.73
组成内容		**单位**	**单价**	**数量**			
人工	综合工	工日	135.00	16.10	20.92	11.10	16.52
材料	普碳钢板 Q195～Q235 δ8～20	t	3843.31	0.0400	0.0450	0.0400	0.0450
	镀锌钢管 *DN*32	m	16.11	0.72	0.72	0.72	0.72
	石棉橡胶板 低压 δ0.8～6.0	kg	19.35	1.58	2.03	1.58	2.03
	橡胶板 δ1～3	kg	11.26	3.36	3.36	3.36	3.36
	紫铜皮	kg	86.14	0.5	0.5	0.9	0.9
	橡胶石棉盘根 *D*4～5 250℃编制	kg	20.59	0.2	0.2	0.2	0.2
	氧气	m^3	2.88	4.5	4.5	4.5	4.5
	乙炔气	kg	14.66	1.71	1.71	1.71	1.71
	电焊条 E4303 *D*3.2	kg	7.59	1.5	1.5	1.5	1.5
	气焊条 *D*<2	kg	7.96	0.5	0.5	0.5	0.5
	镀锌钢丝 *D*2.8～4.0	kg	6.91	2	2	2	2
	棉纱	kg	16.11	1.05	1.45	1.05	1.45
	黑铅粉	kg	0.44	0.30	0.45	0.30	0.40
	红丹粉	kg	12.42	0.05	0.10	0.10	0.10
	煤油	kg	7.49	1.0	1.4	1.0	1.1
	铅油	kg	11.17	0.15	0.15	0.15	0.15
	汽轮机油	kg	10.84	0.2	0.2	0.2	0.2
机械	履带式起重机 10t	台班	642.29	0.17	0.32	0.17	0.23
	门式起重机 50t	台班	1106.42	0.5	0.5	0.5	0.5
	交流弧焊机 32kV•A	台班	87.97	0.75	0.75	0.75	0.75
	卷扬机 单筒慢速 50kN	台班	211.29	0.25	0.25	0.25	0.25
	内燃空气压缩机 $6m^3$	台班	330.12	0.13	0.25	0.25	0.25
	普通车床 400×1000	台班	205.13	1.5	1.5	1.0	1.5
	电焊条烘干箱 600×500×750	台班	27.16	0.08	0.08	0.08	0.08
	载货汽车 5t	台班	443.55	0.10	—	0.10	—
	载货汽车 8t	台班	521.59	—	0.20	—	0.12

4.抽气器安装

单位：台

编号				3-202	3-203	3-204	3-205
项目				CD-14	C-20C-20-1	CS-25-1	CS-140-7.5
预算基价	总价(元)			**556.11**	**2806.75**	**3547.86**	**3755.17**
	人工费(元)			457.65	2054.70	2385.45	2411.10
	材料费(元)			14.60	367.56	567.46	567.46
	机械费(元)			83.86	384.49	594.95	776.61
组成内容		**单位**	**单价**	**数量**			
人工	综合工	工日	135.00	3.39	15.22	17.67	17.86
材料	石棉橡胶板 低压 δ0.8～6.0	kg	19.35	0.2	5.4	9.9	9.9
	棉纱	kg	16.11	0.2	0.5	0.8	0.8
	黑铅粉	kg	0.44	0.05	0.40	0.60	0.60
	煤油	kg	7.49	1	1	1	1
	普碳钢板 Q195～Q235 δ8～20	t	3843.31	—	0.045	0.065	0.065
	氧气	m^3	2.88	—	5	5	5
	乙炔气	kg	14.66	—	1.9	1.9	1.9
	电焊条 E4303 D3.2	kg	7.59	—	2	2	2
	气焊条 $D<2$	kg	7.96	—	0.2	0.2	0.2
	红丹粉	kg	12.42	—	0.4	0.5	0.5
	铅油	kg	11.17	—	0.25	0.20	0.20
	鱼油	kg	9.52	—	0.8	1.0	1.0
	酚醛调和漆	kg	10.67	—	—	2	2
	松香水	kg	9.92	—	—	0.15	0.15
	零星材料费	元	—	—	—	5.62	5.62
机械	履带式起重机 10t	台班	642.29	0.03	0.03	0.03	0.03
	载货汽车 5t	台班	443.55	0.03	0.03	0.03	0.03
	普通车床 400×1000	台班	205.13	0.25	0.50	0.50	0.50
	交流弧焊机 32kV•A	台班	87.97	—	0.5	0.5	0.5
	内燃空气压缩机 $6m^3$	台班	330.12	—	0.13	0.13	0.13
	电焊条烘干箱 600×500×750	台班	27.16	—	0.05	0.05	0.05
	门式起重机 20t	台班	644.36	—	0.25	—	—
	门式起重机 30t	台班	743.10	—	—	0.50	—
	门式起重机 50t	台班	1106.42	—	—	—	0.50

5.冷却器安装

单位：台

编号				3-206	3-207	3-208	3-209
项目				冷却面积(m²)			
				12.5	20	37	42
预算基价	总价(元)			**3971.37**	**4463.30**	**6097.30**	**5783.95**
	人工费(元)			2646.00	2975.40	4004.10	3720.60
	材料费(元)			327.11	390.90	527.87	498.02
	机械费(元)			998.26	1097.00	1565.33	1565.33
组成内容		**单位**	**单价**	**数量**			
人工	综合工	工日	135.00	19.60	22.04	29.66	27.56
材料	普碳钢板 Q195～Q235 δ8～20	t	3843.31	0.025	0.030	0.040	0.035
	石棉橡胶板 低压 δ0.8～6.0	kg	19.35	4.50	5.40	6.80	6.80
	铅油	kg	11.17	0.4	0.5	0.6	0.6
	酚醛调和漆	kg	10.67	0.60	1.00	1.80	1.60
	密封胶	支	20.97	2	2	3	3
	氧气	m^3	2.88	2.00	2.00	4.00	3.00
	乙炔气	kg	14.66	0.66	0.66	1.32	0.99
	白布	m^2	10.34	0.6	0.7	1.0	1.0
	破布	kg	5.07	0.30	0.30	0.30	0.30
	棉纱	kg	16.11	1.0	1.5	2.0	2.0
	红丹粉	kg	12.42	0.03	0.03	0.05	0.05
	煤油	kg	7.49	4.0	4.5	5.0	5.0
	汽轮机油	kg	10.84	1.2	1.5	2.0	2.0
	青壳纸 δ0.1～1.0	kg	4.80	1.00	1.20	1.50	1.50
	松香水	kg	9.92	0.05	0.08	0.15	0.13
	零星材料费	元	—	3.24	7.66	10.35	9.77
机械	履带式起重机 10t	台班	642.29	0.04	0.04	0.03	0.03
	载货汽车 5t	台班	443.55	0.04	0.04	0.06	0.06
	交流弧焊机 32kV·A	台班	87.97	0.25	0.25	0.25	0.25
	内燃空气压缩机 6m^3	台班	330.12	0.25	0.25	0.25	0.25
	普通车床 400×1000	台班	205.13	1.00	1.00	1.50	1.50
	电焊条烘干箱 600×500×750	台班	27.16	0.03	0.03	0.03	0.03
	门式起重机 20t	台班	644.36	1	—	—	—
	门式起重机 30t	台班	743.10	—	1	—	—
	门式起重机 50t	台班	1106.42	—	—	1	1

6.主油箱安装

单位：台

编号				3-210	3-211	3-212	3-213
项目				油箱容积(m^3)			
				1.8	5	9	12
预算基价	总价(元)			**3366.20**	**5182.12**	**7328.96**	**8804.39**
	人工费(元)			2544.75	3859.65	5302.80	6505.65
	材料费(元)			343.52	507.81	637.60	853.29
	机械费(元)			477.93	814.66	1388.56	1445.45
	组成内容	**单位**	**单价**	**数量**			
人工	综合工	工日	135.00	18.85	28.59	39.28	48.19
材料	电焊条 E4303 $D3.2$	kg	7.59	2.0	2.0	2.0	2.0
	普碳钢板 Q195～Q235 δ8～20	t	3843.31	0.0320	0.0470	0.0470	0.0800
	橡胶板 δ1～3	kg	11.26	1.92	2.88	3.48	4.00
	酚醛调和漆	kg	10.67	0.63	1.90	3.40	4.50
	羊毛毡 δ1～5	m^2	14.25	0.4	0.6	0.8	1.0
	密封胶	支	20.97	2	3	4	5
	氧气	m^3	2.88	3.00	3.00	4.50	6.00
	乙炔气	kg	14.66	0.99	0.99	1.49	1.98
	镀锌钢丝 $D2.8$～4.0	kg	6.91	2.0	3.0	4.0	5.0
	白布	m^2	10.34	1.0	1.5	2.0	2.5
	破布	kg	5.07	0.40	0.80	1.35	1.35
	棉纱	kg	16.11	1.5	2.5	3.5	4.0

续前 单位：台

编号				3-210	3-211	3-212	3-213
项目				油箱容积(m³)			
				1.8	5	9	12
组成内容		单位	单价	数量			
材料	红丹粉	kg	12.42	0.1	0.2	0.2	0.2
	煤油	kg	7.49	3.0	5.0	8.0	9.0
	汽轮机油	kg	10.84	2.0	2.5	3.5	3.5
	青壳纸 $\delta 0.1 \sim 1.0$	kg	4.80	0.15	0.20	0.20	0.30
	松香水	kg	9.92	0.06	0.15	0.27	0.36
	脱化剂	kg	9.60	0.6	1.0	1.5	2.0
	零星材料费	元	—	3.40	5.03	6.31	8.45
机械	履带式起重机 10t	台班	642.29	0.10	0.13	0.18	0.20
	载货汽车 5t	台班	443.55	0.05	0.06	—	—
	交流弧焊机 32kV·A	台班	87.97	0.50	0.50	0.50	0.50
	内燃空气压缩机 6m³	台班	330.12	0.25	0.25	0.25	0.25
	普通车床 400×1000	台班	205.13	0.50	1.00	1.00	1.00
	电焊条烘干箱 600×500×750	台班	27.16	0.05	0.05	0.05	0.05
	门式起重机 20t	台班	644.36	0.25	—	—	—
	门式起重机 30t	台班	743.10	—	0.50	—	—
	门式起重机 50t	台班	1106.42	—	—	0.75	0.75
	平板拖车组 20t	台班	1101.26	—	—	0.10	0.14

7.滤油、滤水器安装

单位：台

编号				3-214	3-215	3-216	3-217
项目				滤油器	滤水器		
				N-6～N-25	L-100	L-150	L-200
预算基价	总价(元)			**1195.37**	**668.64**	**885.95**	**1051.86**
	人工费(元)			955.80	553.50	604.80	735.75
	材料费(元)			99.46	52.15	52.15	87.11
	机械费(元)			140.11	62.99	229.00	229.00
组成内容		单位	单价	数量			
人工	综合工	工日	135.00	7.08	4.10	4.48	5.45
材料	电焊条 E4303 $D3.2$	kg	7.59	0.3	—	—	—
	酚醛调和漆	kg	10.67	0.40	0.50	0.50	0.63
	密封胶	支	20.97	2	—	—	—
	镀锌薄钢板 $\delta0.75$	m^2	27.53	0.1	—	—	—
	耐油石棉橡胶板 $\delta0.8$	kg	36.99	0.23	—	—	—
	白布	m^2	10.34	0.5	—	—	—
	破布	kg	5.07	0.45	0.10	0.10	0.10
	棉纱	kg	16.11	0.5	0.1	0.1	0.2
	红丹粉	kg	12.42	0.1	—	—	—
	煤油	kg	7.49	2.0	0.3	0.3	0.5
	汽轮机油	kg	10.84	0.6	—	—	—
	松香水	kg	9.92	0.03	0.04	0.04	0.05
	凡尔砂	kg	10.28	0.02	—	—	—
	电焊条 E4303 $D4$	kg	7.58	—	0.5	0.5	0.5
	普碳钢板 Q195～Q235 $\delta8$～20	t	3843.31	—	0.0050	0.0050	0.0100
	橡胶板 $\delta1$～3	kg	11.26	—	0.96	0.96	1.92
	氧气	m^3	2.88	—	1.00	1.00	1.00
	乙炔气	kg	14.66	—	0.33	0.33	0.33
	零星材料费	元	—	0.98	0.52	0.52	0.86
机械	交流弧焊机 32kV·A	台班	87.97	0.25	0.13	0.13	0.13
	内燃空气压缩机 $6m^3$	台班	330.12	0.20	—	—	—
	普通车床 400×1000	台班	205.13	0.25	0.25	0.25	0.25
	电焊条烘干箱 600×500×750	台班	27.16	0.03	0.01	0.01	0.01
	门式起重机 50t	台班	1106.42	—	—	0.13	0.13
	载货汽车 5t	台班	443.55	—	—	0.05	0.05

第三章　燃料供应设备

说　明

一、皮带运输机安装：

1.工程范围及工作内容：

(1)头部及尾部导向滚筒检查,减速机检查及安装。

(2)头部、尾部、减速机及电动机支架的安装,头部及尾部导向滚筒、减速机、电动机、制动器、清扫器及防尘帘的安装。

(3)中部标准金属构架、槽形托辊、调整托辊、平形托辊的安装。

(4)拉紧装置的构架、滑槽、滚筒、小车、固定滑轮、重锤、钢丝绳、弹簧及保护栅的安装。

(5)皮带敷设及胶接、导煤槽安装。

2.皮带运输机整台机基价系按10m长度考虑的,实际长度与此不同时,可按本章子目进行调整。

3.基价中已对皮带运输机的安装弧度及斜度做了综合考虑,使用时不再做调整。

4.皮带运输机非标准中间构架均按设备成套供货考虑,当设计要求现场配制时,则另行计算材料、制作费用。

二、配仓皮带机安装：

1.工程范围及工作内容：

(1)减速机、电动滚筒、车轮、传动滚筒、导向滚筒、槽形托辊、平形托辊的检查、组装。

(2)拉紧丝杆、头部小车架、尾部滚筒架、中间构架的安装。

(3)车轮、小车、电动滚筒、传动滚筒、导向滚筒、槽形托辊、平形托辊、减速机、电动机、传动链轮、链条、头部小车配重、清扫器及安全罩壳的安装。

2.配仓皮带机系按整台机长度为10m考虑的,实际长度与此不同时,可按本章子目进行调整。

3.轨道安装参照相应子目。

三、输煤转运站落煤设备安装：

工程范围及工作内容：落煤管及挡板的安装,但不包括配制工作。

四、卸煤机安装：

1.斗链式卸煤机安装的工程范围及工作内容：

(1)大车行走车轮、传动机构,链斗提升传动机构,胶带输送机传动机构及移动机构的检查。

(2)大车构架、腿梁、行走传动机构、斗链、链斗的传动提升装置、胶带输送机、胶带移动装置、刮板卷扬机、电缆卷筒、司机室及平台扶梯的安装。

2.桥式抓斗机安装的工程范围及工作内容：

(1)大车及小车的车轮、减速机、抓斗卷筒的检查。

(2)车梁、行走机构、小车、小车轨道、抓斗、司机室、平台扶梯及其他附件安装。

(3)基价中桥抓系起重质量10t,跨距31.5m,双箱型大车梁,双轨小车结构。

3.龙门式抓斗机安装的工程范围及工作内容：

(1)大车及小车的车轮、减速机、抓斗卷筒的检查。

(2)大车构架、腿梁、行走机构、小车、小车轨道、抓斗、司机室、平台扶梯以及其他附件的安装。

(3)基价中桁架式龙门抓系两端悬臂、桁架构架、双轨小车结构,箱式龙门抓系两端悬臂、单箱型梁及支腿、单轨小车结构。

五、斗链提升机安装：

工程范围及工作内容：

1.减速机、滚筒、链轮制动装置的解体检查。

2.上构架、下构架、链子、链轮、链斗、外壳、链轮制动装置、拉紧装置、减速机及电动机的安装。

六、破碎机安装：

1.反击式破碎机安装的工程范围及工作内容：

(1)转子轴承、皮带轮支承座、反击板、锤击镶块的清扫、检查。

(2)上机体、下机体、进料斗、转子、皮带轮、锤击部件、格板及链条、皮带及电动机的安装。

2.锤击式破碎机安装的工程范围及工作内容：

(1)转子轴承座、锤头的清扫、检查。

(2)上机壳、下机壳、进料斗、转子、锤头及电动机的安装。

七、共振筛安装：

1.工程范围及工作内容：底座架、筛框、轴、板弹簧、弹簧座、轴承座、橡胶缓冲器及电动机安装。

2.基价中SZG型为单箱。

八、电磁分离器安装：

1.悬挂式电磁分离器安装的工程范围及工作内容：分离器本体的安装,单轨吊车的检查、安装。

2.传动式电磁分离器安装的工程范围及工作内容：电动滚筒、改向滚筒、上托辊、下托辊的检查,分离器整体安装。

九、电动卸料车安装：

1.工程范围及工作内容：

(1)减速机、滚筒的检查,轴瓦研刮。

(2)卸料车、减速机、电动机、三通落煤管及导煤槽的安装。

2.基价中卸料车按轻型卸料车考虑,如采用重型卸料车时,安装费乘以系数1.50。

3.轨道安装参照相应子目。

十、皮带秤安装：

1.机械皮带秤安装的工程范围及工作内容：机体、杠杆装置的检查,机体、杠杆及记录装置的安装。

2.电子皮带秤安装的工程范围及工作内容：活动架、托辊的检查,活动架、底座、秤量托辊、十字弹簧片、传感器、标准砝码秤框及平衡重块的安装。

3.基价中未包括电子设备及其他电气装置的安装调试。

十一、犁式卸煤器安装:

工程范围及工作内容:犁煤器及犁煤器落煤斗的安装。

十二、油过滤器、燃油加热器安装:

1.工程范围及工作内容:设备解体、清理、组装、就位、固定、垫铁配制及表面油漆。

2.不包括的内容:设备的制作和保温。

十三、本章各子目均包括以下工作内容:

1.基础验收、铲平,基础框架的安装。

2.设备开箱、清点、搬运、检查、安装、分部试运转。

3.垫铁、对轮保护罩(包括主材)的配制、安装。

4.设备及金属表面的油漆。

5.二次灌浆的配合工作。

十四、本章基价不包括电动机的检查、电气检查、接线及空载试运转,输煤设备整套的联动试验,油罐、平台、扶梯、栏杆、基础框架及地脚螺栓的配制,大型设备的轨道安装。

工程量计算规则

一、输煤转运站落煤设备安装按设计图示数量计算。其设备质量包括落煤管及挡板等的质量。

二、碎煤机、电磁分离器、电动卸料车、犁式卸煤器、共振筛和皮带秤安装按设计图示数量计算。

三、龙门式、桥式抓斗及斗链卸煤机、斗链提升机安装按设计图示数量计算。不包括行走轨道安装,其工程量应按相应基价另行计算。

四、油过滤器、燃油加热器安装按设计图示数量计算。

一、皮带运输机安装、输煤转运站落煤设备安装、配仓皮带机安装

单位：套

	编号			3-218	3-219	3-220	3-221	3-222	3-223
	项目			皮带运输机		输煤转运站落煤设备安装			配仓皮带机安装
				整台皮带运输机	皮带长度调整（12m）	落煤设备（t）			整台机皮带宽度
				650以内		0.2	0.5	1.0	650
预算基价	总价（元）			**16777.83**	**2836.61**	**3791.37**	**3166.84**	**2560.04**	**11584.83**
	人工费（元）			11542.50	2204.55	2974.05	2471.85	1999.35	9359.55
	材料费（元）			3707.56	306.10	384.63	324.19	247.34	1266.53
	机械费（元）			1527.77	325.96	432.69	370.80	313.35	958.75
	组成内容	**单位**	**单价**	**数量**					
人工	综合工	工日	135.00	85.50	16.33	22.03	18.31	14.81	69.33
材料	电	kW•h	0.73	240	—	—	—	—	48
	镀锌薄钢板 δ0.50～0.65	t	4438.22	0.0010	—	—	—	—	0.0002
	普碳钢板 Q195～Q235 δ8～20	t	3843.31	0.050	0.010	0.040	0.030	0.020	0.040
	塑料布	kg	10.93	1	—	—	—	—	—
	耐油石棉橡胶板 δ0.8	kg	36.99	0.3	—	—	—	—	0.2
	喷漆	kg	22.50	0.32	—	—	—	—	—
	酚醛磁漆	kg	14.23	0.5	0.2	—	—	—	0.5
	酚醛调和漆	kg	10.67	52.00	11.60	4.40	4.40	4.40	47.48
	紫铜皮 δ0.05～0.30	kg	86.14	0.2	—	—	—	—	0.1
	石棉扭绳 D6～10	kg	19.43	1	—	—	—	—	—
	羊毛毡 δ6～8	m^2	34.67	0.13	—	—	—	—	0.02
	钢丝 D0.1～0.5	kg	8.13	0.3	0.1	—	—	—	—
	碳钢斜垫铁	kg	9.99	120	—	—	—	—	—
	密封胶	支	20.97	3	—	—	—	—	3
	生胶	kg	25.09	1.5	0.4	—	—	—	1.5
	氧气	m^3	2.88	35	3	12	12	9	5
	乙炔气	kg	14.66	13.30	1.14	3.96	3.96	2.97	1.65
	电焊条 E4303 D3.2	kg	7.59	21.0	2.0	6.0	5.0	4.0	4.5
	气焊条 D<2	kg	7.96	2	—	—	—	—	—

续前 单位：套

编号				3-218	3-219	3-220	3-221	3-222	3-223
项目				皮带运输机		输煤转运站落煤设备安装			配仓皮带机安装
				整台皮带运输机	皮带长度调整(12m)	落煤设备(t)			整台机皮带宽度
				650以内		0.2	0.5	1.0	650
组成内容		单位	单价	数量					
材料	镀锌钢丝 $D2.8\sim4.0$	kg	6.91	13	—	5	3	2	—
	白布	m^2	10.34	0.4	—	—	—	—	0.2
	破布	kg	5.07	2	—	—	—	—	1
	棉纱	kg	16.11	4	1	—	—	—	3
	铁砂布 0#～2#	张	1.15	43	—	—	—	—	—
	面粉	kg	1.90	1	—	—	—	—	—
	黄干油	kg	15.77	5.5	1.5	—	—	—	2.0
	机油 5#～7#	kg	7.21	48.0	—	—	—	—	6.4
	航空汽油	kg	8.58	6.0	1.5	—	—	—	6.0
	煤油	kg	7.49	5	1	—	—	—	3
	汽油 60#～70#	kg	6.67	9	1	—	—	—	6
	青壳纸 $\delta0.1\sim1.0$	kg	4.80	0.5	—	—	—	—	0.5
	松香水	kg	9.92	8.50	2.00	0.75	0.75	0.75	8.14
	信那水	kg	14.17	0.27	—	—	—	—	—
	描图纸	m^2	3.23	0.5	—	—	—	—	—
	电炉丝 220V 2000W	条	15.17	—	—	—	—	—	2
	零星材料费	元	—	36.71	3.03	3.81	3.21	2.45	12.54
机械	履带式起重机 15t	台班	759.77	0.4	—	—	—	—	0.3
	汽车式起重机 8t	台班	767.15	0.22	0.17	0.14	0.13	0.12	0.22
	交流弧焊机 32kV•A	台班	87.97	6.3	1.0	3.0	2.5	2.0	1.5
	卷扬机 单筒慢速 30kN	台班	205.84	1.59	0.18	—	—	—	1.30
	电焊条烘干箱 600×500×750	台班	27.16	0.63	0.10	0.30	0.25	0.20	0.10
	载货汽车 5t	台班	443.55	—	—	0.12	0.10	0.09	—
	载货汽车 8t	台班	521.59	0.30	0.13	—	—	—	0.30
	内燃空气压缩机 $6m^3$	台班	330.12	—	—	—	—	—	0.01

二、卸煤机安装

1.斗链式卸煤机安装

单位：台

编号				3-224	3-225
项目				斗链式卸煤机	
				二排斗	四排斗
预算基价	总价(元)			**57457.40**	**65110.74**
	人工费(元)			41655.60	46643.85
	材料费(元)			6418.28	7622.80
	机械费(元)			9383.52	10844.09
组成内容		单位	单价	数量	
人工	综合工	工日	135.00	308.56	345.51
材料	电	kW•h	0.73	196.0	436.0
	型钢	t	3699.72	0.050	0.060
	镀锌薄钢板 δ0.50～0.65	t	4438.22	0.00150	0.00161
	普碳钢板 Q195～Q235 δ8～20	t	3843.31	0.040	0.048
	塑料布	kg	10.93	0.6	0.6
	耐油石棉橡胶板 δ0.8	kg	36.99	3	3
	喷漆	kg	22.50	0.61	0.54
	酚醛磁漆	kg	14.23	0.5	0.5
	酚醛调和漆	kg	10.67	74.80	92.40
	紫铜棒 D16～80	kg	92.76	1.5	1.5
	紫铜皮 δ0.05～0.30	kg	86.14	0.8	0.8
	羊毛毡 δ6～8	m^2	34.67	0.10	0.10
	密封胶	支	20.97	10	10
	道木 250×200×2500	根	452.90	3	4

续前

单位：台

编号				3-224	3-225
项目				斗链式卸煤机	
				二排斗	四排斗
组成内容		单位	单价	数量	
材料	氧气	m^3	2.88	138	156
	乙炔气	kg	14.66	45.54	51.48
	电焊条 E4303 $D3.2$	kg	7.59	76	84
	镀锌钢丝 $D2.8$～4.0	kg	6.91	14.0	16.0
	破布	kg	5.07	7.0	7.0
	棉纱	kg	16.11	11	11
	红丹粉	kg	12.42	0.5	0.5
	黄干油	kg	15.77	8	8
	机油 $5^{\#}$～$7^{\#}$	kg	7.21	68	68
	煤油	kg	7.49	20	25
	汽油 $60^{\#}$～$70^{\#}$	kg	6.67	40	45
	青壳纸 $\delta0.1$～1.0	kg	4.80	6.0	6.0
	松香水	kg	9.92	11.20	13.80
	描图纸	m^2	3.23	6	6
	零星材料费	元	—	63.55	75.47
机械	履带式起重机 15t	台班	759.77	7.9	9.2
	平板拖车组 20t	台班	1101.26	0.6	0.7
	交流弧焊机 32kV·A	台班	87.97	30	34
	电焊条烘干箱 600×500×750	台班	27.16	3.0	3.4

2.抓斗、龙门式卸煤机安装

单位：台

编号				3-226	3-227	3-228	3-229	3-230
项目				桥式抓斗	桁架式龙门抓斗		箱式龙门抓斗	
				10t	5t/18～20m	5t/40m	5t/18～20m	5t/40m
预算基价	总价(元)			**36432.11**	**53071.39**	**72142.94**	**43532.12**	**65952.92**
	人工费(元)			24829.20	36941.40	51054.30	28077.30	43961.40
	材料费(元)			6848.96	8566.67	11321.42	7729.65	12068.28
	机械费(元)			4753.95	7563.32	9767.22	7725.17	9923.24
组成内容		单位	单价	数量				
人工	综合工	工日	135.00	183.92	273.64	378.18	207.98	325.64
材料	电	kW•h	0.73	222.6	122.0	215.0	122.0	888.0
	型钢	t	3699.72	0.020	0.030	0.050	0.030	0.040
	镀锌薄钢板 δ0.50～0.65	t	4438.22	0.0010	0.0008	0.0008	0.0008	0.0008
	普碳钢板 Q195～Q235 δ8～20	t	3843.31	0.030	0.040	0.060	0.040	0.050
	塑料布	kg	10.93	2.0	0.3	0.3	0.3	0.3
	耐油石棉橡胶板 δ0.8	kg	36.99	2	2	2	2	2
	喷漆	kg	22.50	0.84	0.38	0.68	0.32	0.38
	酚醛磁漆	kg	14.23	0.5	0.5	0.5	0.5	0.5
	酚醛调和漆	kg	10.67	119.0	188.6	269.7	131.7	312.2
	紫铜皮 δ0.05～0.30	kg	86.14	0.5	0.4	0.4	0.4	0.4
	羊毛毡 δ6～8	m^2	34.67	0.1	0.1	0.1	0.1	0.1
	道木 250×200×2500	根	452.90	3	5	7	5	7
	密封胶	支	20.97	10	10	10	10	10
	氧气	m^3	2.88	39	48	66	36	48
	乙炔气	kg	14.66	14.82	18.24	25.08	13.68	18.24
	电焊条 E4303 D3.2	kg	7.59	12	18	22	14	18

续前 单位：台

编号				3-226	3-227	3-228	3-229	3-230
项目				桥式抓斗	桁架式龙门抓斗		箱式龙门抓斗	
				10t	5t/18～20m	5t/40m	5t/18～20m	5t/40m
组成内容		单位	单价	数量				
材料	气焊条 $D<2$	kg	7.96	1	1	2	1	2
	镀锌钢丝 $D2.8$～4.0	kg	6.91	13	14	17	14	16
	破布	kg	5.07	4	4	5	4	5
	棉纱	kg	16.11	12	12	15	12	15
	红丹粉	kg	12.42	0.5	0.5	0.5	0.5	0.5
	黄干油	kg	15.77	8	7	10	7	10
	机油 $5^{\#}$～$7^{\#}$	kg	7.21	250	240	260	240	260
	煤油	kg	7.49	34	28	30	28	30
	汽油 $60^{\#}$～$70^{\#}$	kg	6.67	52	42	62	42	62
	青壳纸 $\delta0.1$～1.0	kg	4.80	2	2	2	2	2
	松香水	kg	9.92	13.50	29.60	42.34	20.68	49.02
	描图纸	m^2	3.23	2	2	2	2	2
	零星材料费	元	—	67.81	84.82	112.09	76.53	119.49
机械	履带式起重机 15t	台班	759.77	1.0	3.1	4.0	3.3	4.0
	履带式起重机 25t	台班	824.31	1.4	1.0	1.2	1.2	1.5
	交流弧焊机 32kV•A	台班	87.97	7	10	11	8	10
	卷扬机 单筒慢速 50kN	台班	211.29	2	6	6	6	6
	内燃空气压缩机 $6m^3$	台班	330.12	0.04	0.02	0.03	0.10	0.02
	电焊条烘干箱 600×500×750	台班	27.16	0.7	1.0	1.0	0.8	1.0
	平板拖车组 20t	台班	1101.26	—	2	2	2	2
	平板拖车组 30t	台班	1263.97	1.4	—	1.0	—	1.0

三、斗链提升机安装

单位：台

编号				3-231	3-232	3-233
项目				PL-250	PL-350	PL-450
预算基价	总价(元)			**11495.32**	**13371.97**	**16503.64**
	人工费(元)			8569.80	9811.80	11674.80
	材料费(元)			1577.32	1996.18	2599.70
	机械费(元)			1348.20	1563.99	2229.14
组成内容		**单位**	**单价**	**数量**		
人工	综合工	工日	135.00	63.48	72.68	86.48
材料	电	kW·h	0.73	26.6	48.0	81.6
	型钢	t	3699.72	0.020	0.030	0.040
	镀锌薄钢板 δ0.50～0.65	t	4438.22	0.00040	0.00060	0.00080
	普碳钢板 Q195～Q235 δ8～20	t	3843.31	0.050	0.060	0.070
	塑料布	kg	10.93	0.2	0.2	0.2
	喷漆	kg	22.50	0.20	0.20	0.30
	酚醛磁漆	kg	14.23	0.5	0.5	0.5
	酚醛调和漆	kg	10.67	15.87	19.24	22.61
	紫铜皮 δ0.05～0.30	kg	86.14	0.2	0.3	0.4
	羊毛毡 δ6～8	m^2	34.67	0.02	0.03	0.06
	密封胶	支	20.97	6	6	6
	酚醛防锈漆	kg	17.27	1.08	1.62	2.16
	碳钢斜垫铁	kg	9.99	34	40	46
	氧气	m^3	2.88	12	18	24
	乙炔气	kg	14.66	4.56	6.84	9.12

续前

单位：台

编号				3-231	3-232	3-233
项目				PL-250	PL-350	PL-450
组成内容		单位	单价	数量		
材料	电焊条 E4303 $D3.2$	kg	7.59	2	4	6
	镀锌钢丝 $D2.8\sim4.0$	kg	6.91	8.0	8.5	9.0
	破布	kg	5.07	1.2	2.2	3.3
	棉纱	kg	16.11	3	4	5
	红丹粉	kg	12.42	0.2	0.2	0.2
	黄干油	kg	15.77	3	4	5
	机油 5# ~7#	kg	7.21	33	45	77
	煤油	kg	7.49	4	6	7
	汽油 60# ~70#	kg	6.67	6	6	7
	青壳纸 $\delta0.1\sim1.0$	kg	4.80	0.3	0.4	0.5
	松香水	kg	9.92	1.63	2.08	2.53
	气焊条 $D<2$	kg	7.96	0.4	0.4	0.8
	零星材料费	元	—	—	—	25.74
机械	履带式起重机 15t	台班	759.77	0.5	0.5	0.6
	汽车式起重机 8t	台班	767.15	0.4	0.4	0.8
	载货汽车 5t	台班	443.55	0.35	0.40	0.60
	交流弧焊机 32kV·A	台班	87.97	1	2	3
	电焊条烘干箱 600×500×750	台班	27.16	0.1	0.2	0.3
	卷扬机 单筒慢速 30kN	台班	205.84	2.0	2.5	3.0
	电动空气压缩机 $0.6m^3$	台班	38.51	0.1	0.1	0.1

四、电磁分离器安装

单位：台

编号				3-234	3-235	3-236	3-237	3-238
项目				悬挂式		传动式		
				CF-60	CF-90	A711 SD50#	A711 SD65#	A711 SD80#
预算基价	总价(元)			**3164.39**	**3506.34**	**4003.48**	**4528.73**	**5207.13**
	人工费(元)			2187.00	2408.40	2951.10	3375.00	3974.40
	材料费(元)			131.64	146.09	251.98	288.39	346.80
	机械费(元)			845.75	951.85	800.40	865.34	885.93
组成内容		**单位**	**单价**	**数量**				
人工	综合工	工日	135.00	16.20	17.84	21.86	25.00	29.44
材料	电	kW·h	0.73	7.2	10.4	13.8	15.3	18.0
	型钢	t	3699.72	0.003	0.004	0.007	0.008	0.009
	酚醛调和漆	kg	10.67	0.61	1.20	0.53	0.66	0.87
	氧气	m^3	2.88	6	6	3	3	3
	乙炔气	kg	14.66	1.98	1.98	0.99	0.99	0.99
	电焊条 E4303 *D*3.2	kg	7.59	2	2	1	1	1
	镀锌钢丝 *D*2.8～4.0	kg	6.91	2.0	2.0	2.0	2.0	2.4
	破布	kg	5.07	1.2	1.2	1.0	1.5	2.0
	铁砂布 0#～2#	张	1.15	3	3	4	4	5
	黄干油	kg	15.77	0.3	0.4	1.5	1.6	1.7
	汽油 60#～70#	kg	6.67	2.0	2.0	5.0	5.5	6.0

续前

单位：台

编号				3-234	3-235	3-236	3-237	3-238
项目				悬挂式		传动式		
				CF-60	CF-90	A711 SD50#	A711 SD65#	A711 SD80#
组成内容		单位	单价	数量				
材料	松香水	kg	9.92	0.46	0.50	0.40	0.50	0.61
	镀锌薄钢板 δ0.50～0.65	t	4438.22	—	—	0.0002	0.0003	0.0004
	保险丝 5A	轴	7.05	—	—	0.1	0.1	0.1
	紫铜皮 δ0.05～0.30	kg	86.14	—	—	0.10	0.10	0.15
	绝缘垫 δ2.0	m^2	11.18	—	—	0.20	0.20	0.25
	羊毛毡 δ6～8	m^2	34.67	—	—	0.4	0.4	0.4
	密封胶	支	20.97	—	—	2	3	4
	红丹粉	kg	12.42	—	—	0.1	0.1	0.1
	机油 5#～7#	kg	7.21	—	—	3.0	3.0	4.5
	青壳纸 δ0.1～1.0	kg	4.80	—	—	0.32	0.32	0.40
	零星材料费	元	—	1.30	1.45	2.49	2.86	3.43
机械	汽车式起重机 8t	台班	767.15	0.4	0.4	0.4	0.4	0.4
	载货汽车 5t	台班	443.55	0.5	0.6	0.5	0.6	0.6
	交流弧焊机 32kV·A	台班	87.97	1.0	1.0	0.5	0.5	0.5
	卷扬机 单筒慢速 30kN	台班	205.84	1.1	1.4	1.1	1.2	1.3
	电焊条烘干箱 600×500×750	台班	27.16	0.10	0.10	0.05	0.05	0.05

五、破碎机安装

单位：台

编号				3-239	3-240	3-241
项目				反击式		锤击式
				MFD-50	MFD-100	PCB-100
预算基价	总价(元)			**12064.26**	**16379.90**	**16827.60**
	人工费(元)			8054.10	11327.85	10258.65
	材料费(元)			2302.19	2936.45	4731.61
	机械费(元)			1707.97	2115.60	1837.34
组成内容		**单位**	**单价**	**数量**		
人工	综合工	工日	135.00	59.66	83.91	75.99
材料	电	kW•h	0.73	460	840	752
	型钢	t	3699.72	0.020	0.025	0.020
	镀锌薄钢板 δ0.50～0.65	t	4438.22	0.00020	0.00022	0.00020
	普碳钢板 Q195～Q235 δ4.5～7.0	t	3843.28	0.030	0.050	0.040
	塑料布	kg	10.93	0.5	0.5	0.5
	石棉橡胶板 低压 δ0.8～6.0	kg	19.35	1.5	1.5	0.5
	橡胶板 δ4～15	kg	10.83	1.2	1.5	1.0
	保险丝 10A	轴	10.38	0.1	0.1	0.1
	喷漆	kg	22.50	4.0	1.0	0.6
	酚醛磁漆	kg	14.23	0.5	0.5	0.5
	酚醛调和漆	kg	10.67	3.5	5.5	7.5
	紫铜皮 δ0.05～0.30	kg	86.14	0.2	0.2	0.2
	石棉扭绳 D4～5	kg	18.59	4.0	4.5	1.5
	木板	m^3	1672.03	0.06	0.08	1.20
	羊毛毡 δ6～8	m^2	34.67	0.10	0.10	0.05
	钢丝 D0.1～0.5	kg	8.13	0.05	0.05	0.20
	碳钢斜垫铁	kg	9.99	70	80	100
	密封胶	支	20.97	4	4	4
	氧气	m^3	2.88	24	30	18
	乙炔气	kg	14.66	9.12	11.40	6.84
	电焊条 E4303 D3.2	kg	7.59	8	10	6

续前　　单位：台

编号				3-239	3-240	3-241
项目				反击式		锤击式
				MFD-50	MFD-100	PCB-100
组成内容		单位	单价	数量		
材料	气焊条 $D<2$	kg	7.96	1.0	1.5	1.0
	镀锌钢丝 $D2.8\sim4.0$	kg	6.91	5	5	4
	破布	kg	5.07	3	3	3
	棉纱	kg	16.11	2	2	2
	铁砂布 0#～2#	张	1.15	10	12	13
	红丹粉	kg	12.42	0.05	0.05	—
	面粉	kg	1.90	0.5	1.0	0.5
	黄干油	kg	15.77	4	6	2
	机油 5#～7#	kg	7.21	4.0	4.5	20.0
	煤油	kg	7.49	4	5	5
	汽油 60#～70#	kg	6.67	8	9	7
	铅油	kg	11.17	2.5	2.5	1.5
	青壳纸 $\delta0.1\sim1.0$	kg	4.80	0.5	0.5	0.5
	松香水	kg	9.92	0.7	0.9	1.5
	信那水	kg	14.17	0.5	0.8	0.5
	锯条	根	0.42	5	7	7
	描图纸	m^2	3.23	1	1	1
	酚醛防锈漆	kg	17.27	—	1.5	2.2
	零星材料费	元	—	22.79	29.07	46.85
机械	履带式起重机 25t	台班	824.31	0.4	0.5	0.5
	汽车式起重机 8t	台班	767.15	0.2	0.3	0.2
	交流弧焊机 32kV·A	台班	87.97	3	4	2
	卷扬机 单筒慢速 50kN	台班	211.29	2.0	2.5	2.7
	内燃空气压缩机 $6m^3$	台班	330.12	0.5	0.5	0.5
	电焊条烘干箱 600×500×750	台班	27.16	0.3	0.4	0.2
	载货汽车 5t	台班	443.55	—	—	0.8
	载货汽车 8t	台班	521.59	0.7	0.8	—

六、共振筛、电动卸料车、犁式卸料机安装

单位：台

编号				3-242	3-243	3-244	3-245
项目				共振筛		电动卸料车	犁式卸料机
				SZG1000×2500	SZG1500×3000	带宽500～650	
预算基价	总价(元)			**10138.10**	**11719.38**	**6442.80**	**923.47**
	人工费(元)			7099.65	8230.95	4810.05	677.70
	材料费(元)			1204.95	1339.81	455.96	113.92
	机械费(元)			1833.50	2148.62	1176.79	131.85
组成内容		**单位**	**单价**	**数量**			
人工	综合工	工日	135.00	52.59	60.97	35.63	5.02
材料	电	kW·h	0.73	24	36	24	—
	型钢	t	3699.72	0.010	0.012	—	0.004
	镀锌薄钢板 δ0.50～0.65	t	4438.22	0.0008	0.0010	0.0007	—
	普碳钢板 Q195～Q235 δ4.5～7.0	t	3843.28	0.025	0.030	—	—
	保险丝 5A	轴	7.05	0.20	0.25	0.30	—
	酚醛调和漆	kg	10.67	3.00	3.50	5.75	0.44
	紫铜皮 δ0.05～0.30	kg	86.14	0.2	0.2	0.1	—
	石棉扭绳 *D*4～5	kg	18.59	1.5	2.0	—	—
	碳钢斜垫铁	kg	9.99	70	70	—	—
	氧气	m^3	2.88	9	12	3	6
	乙炔气	kg	14.66	2.97	3.96	0.99	1.98
	电焊条 E4303 *D*3.2	kg	7.59	3	4	1	2
	镀锌钢丝 *D*2.8～4.0	kg	6.91	1	4	—	—
	破布	kg	5.07	4.0	5.0	1.0	1.2
	铁砂布 0#～2#	张	1.15	8	10	—	2

续前 单位：台

编号				3-242	3-243	3-244	3-245
项目				共振筛		电动卸料车	犁式卸料机
				SZG1000×2500	SZG1500×3000	带宽500～650	
组成内容		单位	单价	数量			
材料	黄干油	kg	15.77	5.0	6.0	3.0	0.5
	汽油 60[#]～70[#]	kg	6.67	7	8	10	—
	青壳纸 δ0.1～1.0	kg	4.80	0.4	0.4	0.5	—
	松香水	kg	9.92	0.50	0.60	0.54	—
	普碳钢板 Q195～Q235 δ8～20	t	3843.31	—	—	0.006	—
	塑料布	kg	10.93	—	—	0.15	—
	石棉编绳 D6～10	kg	19.22	—	—	0.8	—
	喷漆	kg	22.50	—	—	0.1	—
	羊毛毡 δ6～8	m^2	34.67	—	—	0.1	—
	密封胶	支	20.97	—	—	2	—
	棉纱	kg	16.11	—	—	2.0	0.5
	面粉	kg	1.90	—	—	1	—
	机油 5[#]～7[#]	kg	7.21	—	—	11	—
	煤油	kg	7.49	—	—	—	1
	零星材料费	元	—	11.93	13.27	4.51	1.13
机械	履带式起重机 15t	台班	759.77	0.40	0.45	0.40	—
	汽车式起重机 8t	台班	767.15	0.60	0.70	0.05	—
	载货汽车 8t	台班	521.59	1.0	1.1	1.0	—
	交流弧焊机 32kV•A	台班	87.97	1.5	2.0	0.5	1.0
	卷扬机 单筒慢速 30kN	台班	205.84	2.0	2.5	1.3	0.2
	电焊条烘干箱 600×500×750	台班	27.16	0.15	0.20	0.05	0.10

七、皮带秤安装

单位：台

编号				3-246	3-247
项目				机械式带宽	电子式
				500～650	DBC-1
预算基价	总价(元)			**4690.61**	**3444.64**
	人工费(元)			4144.50	3069.90
	材料费(元)			190.27	105.41
	机械费(元)			355.84	269.33
组成内容		单位	单价	数量	
人工	综合工	工日	135.00	30.70	22.74
材料	普碳钢板 Q195～Q235 δ8～20	t	3843.31	0.003	0.002
	酚醛调和漆	kg	10.67	1.34	2.17
	酚醛防锈漆	kg	17.27	1.1	—
	羊毛毡 δ6～8	m^2	34.67	0.05	—
	氧气	m^3	2.88	6	3
	乙炔气	kg	14.66	1.98	0.99
	电焊条 E4303 D3.2	kg	7.59	2	1
	破布	kg	5.07	2.0	1.5
	棉纱	kg	16.11	1.5	—
	铁砂布 0#～2#	张	1.15	1	2
	凡士林	kg	11.12	0.5	—
	面粉	kg	1.90	1	—
	黄干油	kg	15.77	0.6	1.0
	汽油 60#～70#	kg	6.67	4	2
	松香水	kg	9.92	0.13	0.38
	零星材料费	元	—	1.88	1.04
机械	汽车式起重机 8t	台班	767.15	0.1	0.1
	载货汽车 5t	台班	443.55	0.1	0.1
	交流弧焊机 32kV·A	台班	87.97	1.0	0.5
	卷扬机 单筒慢速 30kN	台班	205.84	0.7	0.5
	电焊条烘干箱 600×500×750	台班	27.16	0.10	0.05

八、油过滤器安装

单位：台

编号				3-248	3-249
项目				油过滤器	
				出力(t/h)	
				5	10
预算基价	总价(元)			**948.24**	**1261.00**
	人工费(元)			810.00	1107.00
	材料费(元)			103.05	110.01
	机械费(元)			35.19	43.99
组成内容		**单位**	**单价**	**数量**	
人工	综合工	工日	135.00	6.00	8.20
材料	电焊条 E4303 $D3.2$	kg	7.59	0.4	0.6
	普碳钢板 Q195～Q235 $\delta 8$～20	t	3843.31	0.0005	0.0005
	酚醛调和漆	kg	10.67	0.20	0.30
	型钢	t	3699.72	0.001	0.001
	耐酸橡胶石棉板 $\delta 2$	kg	27.73	0.10	0.15
	碳钢斜垫铁	kg	9.99	8	8
	氧气	m^3	2.88	0.30	0.45
	乙炔气	kg	14.66	0.10	0.15
	镀锌钢丝 $D2.8$～4.0	kg	6.91	0.5	0.7
	破布	kg	5.07	0.10	0.10
	铁砂布 0#～2#	张	1.15	1	1
	黑铅粉	kg	0.44	0.05	0.07
	机油 5#～7#	kg	7.21	0.15	0.20
	零星材料费	元	—	1.02	1.09
机械	交流弧焊机 32kV·A	台班	87.97	0.40	0.50

九、燃油加热器安装

单位：台

编号				3-250	3-251	3-252
项目				燃油加热器		
				加热面积(m^2)		
				10	20	30
预算基价	总价(元)			**2422.41**	**2828.64**	**3351.37**
	人工费(元)			1749.60	2010.15	2415.15
	材料费(元)			61.22	73.41	89.51
	机械费(元)			611.59	745.08	846.71
组成内容		**单位**	**单价**	**数量**		
人工	综合工	工日	135.00	12.96	14.89	17.89
材料	普碳钢板 Q195～Q235 δ4.5～7.0	t	3843.28	0.0005	—	—
	型钢	t	3699.72	0.0010	0.0010	0.0015
	耐酸橡胶石棉板 δ2	kg	27.73	0.30	0.35	0.40
	酚醛调和漆	kg	10.67	1.2	1.6	1.9
	氧气	m^3	2.88	2.1	2.4	3.0
	乙炔气	kg	14.66	0.69	0.79	0.99
	电焊条 E4303 D3.2	kg	7.59	1.4	1.6	2.0
	黑铅粉	kg	0.44	0.10	0.10	0.15
	破布	kg	5.07	0.2	0.2	0.2
	铁砂布 0#～2#	张	1.15	1	2	2
	机油 5#～7#	kg	7.21	0.4	0.5	0.6
	松香水	kg	9.92	0.20	0.27	0.30
	普碳钢板 Q195～Q235 δ8～20	t	3843.31	—	0.0005	0.0007
	零星材料费	元	—	0.61	0.73	0.89
机械	履带式起重机 10t	台班	642.29	0.60	0.70	0.83
	载货汽车 5t	台班	443.55	0.06	0.09	0.09
	汽车式起重机 8t	台班	767.15	0.08	0.12	0.12
	交流弧焊机 32kV·A	台班	87.97	0.70	0.80	1.00
	内燃空气压缩机 $6m^3$	台班	330.12	0.20	0.24	0.24
	电焊条烘干箱 600×500×750	台班	27.16	0.07	0.08	0.10
	试压泵 60MPa	台班	24.94	0.35	0.47	0.47

第四章　水处理专用设备

说　明

一、钢筋混凝土池类工艺流程装置安装：

1.工程范围及工作内容：

(1)池体范围内的钢制平台、梯子、栏杆、反应室、导流窗、集水槽、取样槽等安装。

(2)池体范围内的各种管子、管件、阀门的安装。

(3)加速澄清池的转动机械、刮泥机的安装与调整。

(4)水力循环澄清池的喷嘴安装与调整。

(5)填料的装填。

2.未包括的工作内容：

(1)混凝土预制件的安装。

(2)池与池之间及池体外部的平台、梯子、栏杆的安装。

(3)池体范围内的钢制平台、梯子、栏杆、反应室、导流窗、集水槽、取样槽的配制。

(4)池体范围各部件及池壁的防腐和油漆。

二、水处理设备及箱罐安装：

1.工程范围及工作内容：设备及随设备供应的管子、管件、阀门等的安装，设备本体范围内平台、梯子、栏杆的安装，滤板、滤帽（水嘴）的精选与安装，填料的运搬、筛分、装填，衬里设备防腐层的检验，设备试运转前的灌水或水压试验。

2.澄清器安装子目中包括澄清器本体的组装焊接，空气分离器的安装，但不包括澄清器顶部小屋的搭设。

3.机械过滤器安装子目是按石英砂垫层考虑的。基价对不同形式的排水系统及不同的装填高度，不做换算。

4.软化器安装子目中对填料的不同装填高度，不做换算。

5.衬胶离子交换器安装子目的使用：

(1)阴阳离子交换器的树脂装填高度，每增加1m乘以系数1.30，增加不足1m时不予调整。

(2)采用体内再生的阴阳混合离子交换器时，乘以系数1.10，但对体外再生的阴阳混合离子交换器，逆流再生或浮床运行的设备，执行基价时，均不做调整。

(3)体外再生罐安装中，带有空气擦洗装置的设备时，乘以系数1.10。

6.电渗析器安装子目中，不包括本体塑料（或衬里）管子、管件、阀门的安装，浓盐水泵的安装，以及精密过滤器的安装。

7.水箱安装子目中，包括水箱箱底与基础接触面的油漆，以及自动液位信号接座的开孔与安装，但不包括信号装置的安装。

8.除二氧化碳器安装子目中，包括风机的安装，但不包括风道的制作与安装，也不包括平台、梯子、栏杆的制作与安装。填料装填高度每增加1m，乘以系数1.20，不足1m时不予调整。

9.酸碱贮存罐安装子目中,不包括内外壁的防腐工作。

10.搅拌器安装子目中,带有电动搅拌装置时,乘以系数1.20。

11.喷射器安装子目,适用于酸、碱、盐、石灰、凝聚剂、蒸汽、树脂输送等各种类型、材质、规格的喷射器安装,基价中已包括喷嘴的调整和支架的配制及安装。

12.泡沫吸收器安装子目中,不包括烟道的安装。

13.储气罐安装子目中,已包括罐体压力表与安全阀的安装。

14.取样设备安装:取样器内部清理、检查、就位、安装、固定,取样架的配制安装(但不包括取样架主材)。

三、油处理设备安装:

1.油箱内部清理,箱体及附件的安装,炉体支座、烟气热交换器、风管、鼓风机、水-气喷射器等平台、梯子、栏杆的安装。

2.未包括油处理设备内部的除锈和防腐工作。

四、水处理设备系统试运转:

1.本章基价所考虑的为水处理系统的试运转,以达到生产合格产品的条件要求。本章基价中包括试运转准备及试运转中所需的人工、材料及机械费用。

2.未包括的费用:

(1)机、炉试运转时,需要配合而发生的人工、材料及机械费(以成品单价,计入机、炉试运转的有关子目中)。

(2)水处理设备在制出合格产品后,为检验设计质量和设备质量,以及为取得经济合理的运行方式而进行的各种生产调整试验费用(属全厂联合试运转)。

3.水处理设备系统水压试验及试运转子目,按固定床顺流再生方式考虑,同样适用于固定床逆流再生和浮床系统。

五、本章各子目均包括以下工作内容:

1.基础检查验收、铲平、垫铁的配制及安装。

2.设备、管子、阀门等的搬运、开箱、清点、检查、安装。

3.随设备供应的一次仪表安装。

4.设备、管子等非保温金属面的油漆。

5.配合防腐施工及基础二次灌浆。

六、本章各子目均不包括以下工作内容:

1.不随设备供货的平台、梯子、栏杆的制作及安装。

2.设备接口法兰以外管子安装及管道支吊架配制及安装。

3.设备的保温和保温面油漆。

4.基础二次灌浆。

5.各种填料的化学稳定性试验。

七、未包括填料(石英砂、磺化煤、无烟煤、活性炭、焦炭、树脂、瓷环、塑料环等)本身费用。

工程量计算规则

一、钢筋混凝土类工艺流程装置安装均按设计图示数量计算,其计算范围包括：池内机械、设备检查安装、调整；池体内的钢制平台、扶梯、栏杆、反应室、导流窗、集水槽、取样槽及各种管子、管件、阀门等的安装。但不包括钢制平台、扶梯、栏杆、集水槽、取样槽的配制。

二、澄清设备、机械过滤器、电渗析器的安装均按设计图示数量计算。

三、软化器安装按设计图示数量计算。

四、衬胶离子交换器安装按设计图示数量计算。

五、除二氧化碳器安装按设计图示数量计算。

六、水箱安装按设计图示数量计算,如需现场制作时应另执行制作基价。

七、其他水处理设备安装均按设计图示数量计算。

八、油处理设备安装按设计图示数量计算,其范围包括设备、设备支架、框架、平台、扶梯、栏杆的安装,不包括其制作。

九、水处理设备系统试运转按设计图示数量计算。

一、钢筋混凝土池类工艺流程装置安装

1.澄清池安装

单位：台

编号				3-253	3-254	3-255	3-256	3-257	3-258
项目				加速澄清池			水力循环澄清池		
				出力(t/h)			出力(t/h)		
				80	120	200	40	60	120
预算基价	总价(元)			**15117.80**	**17562.35**	**19793.70**	**3582.31**	**4473.33**	**6872.29**
	人工费(元)			10766.25	12561.75	13998.15	2266.65	2771.55	4599.45
	材料费(元)			1620.27	2087.95	2714.12	636.34	931.77	1412.15
	机械费(元)			2731.28	2912.65	3081.43	679.32	770.01	860.69
组成内容		单位	单价	数量					
人工	综合工	工日	135.00	79.75	93.05	103.69	16.79	20.53	34.07
材料	水	m^3	7.62	68	102	170	45	70	116
	电	kW•h	0.73	4	4	6	1	1	1
	普碳钢板 Q195～Q235 δ3.5～4.0	t	3945.80	0.010	0.015	0.020	0.010	0.010	0.010
	石棉橡胶板 低压 δ0.8～6.0	kg	19.35	4.0	5.0	6.0	3.0	4.0	5.0
	酚醛调和漆	kg	10.67	0.50	0.50	0.50	0.20	0.25	0.75
	羊毛毡 δ6～8	m^2	34.67	0.1	0.1	0.1	—	—	—
	四氟带	kg	46.22	0.01	0.01	0.01	0.01	0.01	0.01
	碳钢斜垫铁	kg	9.99	12	12	16	—	—	—
	氧气	m^3	2.88	40	48	48	8	12	16
	乙炔气	kg	14.66	15.20	18.24	18.24	3.04	4.56	6.08
	电焊条 E4303 D3.2	kg	7.59	40	48	48	2	2	3
	气焊条 D<2	kg	7.96	1.0	1.5	2.0	0.5	0.5	0.5

续前

单位：台

编号				3-253	3-254	3-255	3-256	3-257	3-258
项目				加速澄清池			水力循环澄清池		
				出力(t/h)			出力(t/h)		
				80	120	200	40	60	120
组成内容		单位	单价	数量					
材料	镀锌钢丝 $D2.8\sim4.0$	kg	6.91	10	15	15	5	10	10
	破布	kg	5.07	1.00	1.00	1.20	—	—	—
	铁砂布 $0^{\#}\sim2^{\#}$	张	1.15	2	2	2	—	—	—
	黄干油	kg	15.77	0.8	0.8	1.0	—	—	—
	齿轮油	kg	9.66	4	4	5	—	—	—
	煤油	kg	7.49	6	6	6	—	—	—
	青壳纸 $\delta0.1\sim1.0$	kg	4.80	1	1	1	—	—	—
	毛刷	把	1.75	2	2	2	—	—	—
	尼龙砂轮片 $D100\times16\times3$	片	3.92	4	4	6	1	1	1
	锯条	根	0.42	5	8	8	4	4	4
	石棉 6级	kg	3.76	—	—	—	4.8	6.0	10.5
	硅酸盐水泥 42.5级	kg	0.41	—	—	—	12	14	26
	油麻	kg	16.48	—	—	—	2.4	3.0	5.4
	零星材料费	元	—	4.85	6.25	8.12	3.17	4.64	7.03
机械	汽车式起重机 8t	台班	767.15	1.80	1.80	2.02	0.36	0.36	0.36
	载货汽车 5t	台班	443.55	1.00	1.00	1.00	0.50	0.50	0.50
	交流弧焊机 32kV•A	台班	87.97	10.0	12.0	12.0	2.0	3.0	4.0
	电焊条烘干箱 600×500×750	台班	27.16	1.00	1.20	1.20	0.20	0.30	0.40

2.虹吸式滤池安装、重力式无阀滤池安装

单位：台

编号				3-259	3-260	3-261
项目				虹吸式滤池		重力式无阀滤池
				出力(t/h)		出力(t/h)
				320	430	80
				6格	8格	
预算基价	总价(元)			**41504.10**	**54221.20**	**10859.09**
	人工费(元)			29224.80	38124.00	8718.30
	材料费(元)			7163.67	9209.87	694.98
	机械费(元)			5115.63	6887.33	1445.81
组成内容		**单位**	**单价**	**数量**		
人工	综合工	工日	135.00	216.48	282.40	64.58
材料	水	m^3	7.62	590	767	34
	电	kW•h	0.73	6	8	4
	普碳钢板 Q195～Q235 *δ*3.5～4.0	t	3945.80	0.120	0.135	0.010
	石棉橡胶板 低压 *δ*0.8～6.0	kg	19.35	14.0	18.0	1.5
	酚醛调和漆	kg	10.67	0.50	0.50	0.25
	四氟带	kg	46.22	0.02	0.02	0.02
	石棉 6级	kg	3.76	76.0	96.0	—
	硅酸盐水泥 42.5级	kg	0.41	177	221	—
	氧气	m^3	2.88	48	64	12
	乙炔气	kg	14.66	18.24	24.32	4.56
	电焊条 E4303 *D*3.2	kg	7.59	48	64	18
	气焊条 *D*<2	kg	7.96	3.0	5.0	2.0
	镀锌钢丝 *D*2.8～4.0	kg	6.91	10	12	10
	煤油	kg	7.49	6	8	2
	尼龙砂轮片 *D*100×16×3	片	3.92	6	8	4
	锯条	根	0.42	20	26	4
	油麻	kg	16.48	36.0	45.0	—
	零星材料费	元	—	21.43	27.55	5.52
机械	汽车式起重机 8t	台班	767.15	3.92	5.19	0.58
	载货汽车 5t	台班	443.55	2.30	3.28	1.50
	交流弧焊机 32kV•A	台班	87.97	12.0	16.0	3.7
	电焊条烘干箱 600×500×750	台班	27.16	1.20	1.60	0.37

二、澄清设备安装

1.澄清器安装、压力式混合器安装

单位：台

编号				3-262	3-263	3-264	3-265	3-266	3-267
项目				澄清器		压力式混合器			
				出力(t/h)		直径(mm)			
				50	100	800	1000	1250	1600
预算基价	总价(元)			**30952.00**	**47743.92**	**2274.82**	**2343.59**	**2373.28**	**2867.09**
	人工费(元)			15741.00	24825.15	1553.85	1595.70	1620.00	2064.15
	材料费(元)			2678.70	4442.17	146.99	173.91	179.30	228.96
	机械费(元)			12532.30	18476.60	573.98	573.98	573.98	573.98
组成内容		**单位**	**单价**	**数量**					
人工	综合工	工日	135.00	116.60	183.89	11.51	11.82	12.00	15.29
材料	水	m^3	7.62	100	200	—	—	—	—
	电	kW•h	0.73	3	6	—	—	—	—
	普碳钢板 Q195～Q235 δ3.5～4.0	t	3945.80	0.040	0.060	0.008	0.010	0.010	0.012
	石棉橡胶板 低压 δ0.8～6.0	kg	19.35	2	3	—	—	—	—
	酚醛调和漆	kg	10.67	24.0	36.2	2.2	3.3	3.8	5.2
	四氟带	kg	46.22	0.02	0.03	0.01	0.01	0.01	0.01
	氧气	m^3	2.88	64	96	2	2	2	2
	乙炔气	kg	14.66	24.32	36.48	0.66	0.66	0.66	0.66
	电焊条 E4303 D3.2	kg	7.59	64	96	2	2	2	2
	气焊条 D<2	kg	7.96	1.2	1.5	—	—	—	—
	镀锌钢丝 D2.8～4.0	kg	6.91	50	80	3	4	4	5

续前 **单位：**台

编号				3-262	3-263	3-264	3-265	3-266	3-267
项目				澄清器		压力式混合器			
				出力(t/h)		直径(mm)			
				50	100	800	1000	1250	1600
组成内容		单位	单价	数量					
材料	破布	kg	5.07	0.10	0.14	0.50	0.50	0.50	0.75
	铁砂布 0[#]～2[#]	张	1.15	10	14	—	—	—	—
	煤油	kg	7.49	3	5	—	—	—	—
	松香水	kg	9.92	1.92	2.90	—	—	—	—
	毛刷	把	1.75	2	2	—	—	—	—
	尼龙砂轮片 $D100\times16\times3$	片	3.92	3	6	—	—	—	—
	锯条	根	0.42	6	8	4	4	4	6
	耐酸橡胶板 $\delta3$	kg	17.38	—	—	2	2	2	3
	零星材料费	元	—	8.01	13.29	1.17	1.55	1.60	2.04
机械	门式起重机 30t	台班	743.10	1.04	1.30	—	—	—	—
	汽车式起重机 8t	台班	767.15	1.12	1.40	0.40	0.40	0.40	0.40
	汽车式起重机 40t	台班	1547.56	5.0	7.5	—	—	—	—
	载货汽车 5t	台班	443.55	1.0	2.0	0.5	0.5	0.5	0.5
	载货汽车 8t	台班	521.59	1.04	1.30	—	—	—	—
	交流弧焊机 32kV·A	台班	87.97	24.0	36.0	0.5	0.5	0.5	0.5
	电焊条烘干箱 600×500×750	台班	27.16	2.40	3.60	0.05	0.05	0.05	0.05

2.重力式双阀滤池、钢制重力式多阀滤池安装

单位：台

编号				3-268	3-269
项目				重力式双阀滤池	钢制重力式多阀滤池
				出力80t/h	
预算基价	总价(元)			**11057.09**	**14705.60**
	人工费(元)			8475.30	11865.15
	材料费(元)			1152.10	1335.64
	机械费(元)			1429.69	1504.81
组成内容		单位	单价	数量	
人工	综合工	工日	135.00	62.78	87.89
材料	水	m^3	7.62	42	50
	电	kW•h	0.73	4	4
	普碳钢板 Q195～Q235 δ3.5～4.0	t	3945.80	0.050	0.050
	石棉橡胶板 低压 δ0.8～6.0	kg	19.35	3.0	3.0
	酚醛调和漆	kg	10.67	12.20	17.50
	四氟带	kg	46.22	0.01	0.01
	氧气	m^3	2.88	16	24
	乙炔气	kg	14.66	6.08	9.12
	电焊条 E4303 D3.2	kg	7.59	24	24
	气焊条 $D<2$	kg	7.96	2.0	1.5
	镀锌钢丝 D2.8～4.0	kg	6.91	10	10
	破布	kg	5.07	0.05	0.07
	铁砂布 0#～2#	张	1.15	5	7
	煤油	kg	7.49	1	1
	尼龙砂轮片 $D100\times16\times3$	片	3.92	4	4
	锯条	根	0.42	4	4
	松香水	kg	9.92	1	1
机械	交流弧焊机 32kV•A	台班	87.97	4.0	4.0
	电焊条烘干箱 600×500×750	台班	27.16	0.40	0.40
	卷扬机 单筒慢速 50kN	台班	211.29	2	2
	汽车式起重机 8t	台班	767.15	0.50	—
	汽车式起重机 12t	台班	864.36	—	0.50
	载货汽车 8t	台班	521.59	0.50	—
	载货汽车 10t	台班	574.62	—	0.50

三、机械过滤器安装

1.单流式过滤器安装

单位：台

编号				3-270	3-271	3-272	3-273
项目				单流式			
				直径(mm)			
				800	1000	1250	1600
预算基价	总价(元)			**3969.15**	**4726.87**	**5435.46**	**6622.37**
	人工费(元)			3159.00	3859.65	4429.35	5495.85
	材料费(元)			187.09	241.66	290.86	322.56
	机械费(元)			623.06	625.56	715.25	803.96
组成内容		**单位**	**单价**	**数量**			
人工	综合工	工日	135.00	23.40	28.59	32.81	40.71
材料	普碳钢板 Q195～Q235 δ3.5～4.0	t	3945.80	0.008	0.010	0.010	0.012
	耐酸橡胶板 δ3	kg	17.38	2.23	3.45	4.45	4.45
	酚醛调和漆	kg	10.67	2.0	2.8	3.2	4.2
	四氟带	kg	46.22	0.01	0.01	0.01	0.01
	橡胶石棉盘根 D11～25 250℃编制	kg	25.04	0.2	0.4	0.4	0.4
	氧气	m^3	2.88	4	4	6	6
	乙炔气	kg	14.66	1.52	1.52	2.28	2.28
	电焊条 E4303 D3.2	kg	7.59	2	2	3	3
	气焊条 D<2	kg	7.96	0.2	0.2	0.3	0.3
	镀锌钢丝 D2.8～4.0	kg	6.91	3.36	4.48	4.72	6.17

续前

单位：台

编号				3-270	3-271	3-272	3-273
项目				单流式			
				直径(mm)			
				800	1000	1250	1600
组成内容		单位	单价	数量			
材料	破布	kg	5.07	0.30	0.36	0.36	0.37
	棉纱	kg	16.11	0.30	0.36	0.36	0.37
	铁砂布 0# ～2#	张	1.15	2	2	2	3
	黑铅粉	kg	0.44	0.05	0.05	0.05	0.05
	红丹粉	kg	12.42	0.05	0.05	0.05	0.05
	机油 5# ～7#	kg	7.21	0.1	0.1	0.1	0.1
	煤油	kg	7.49	0.15	0.30	0.30	0.30
	汽油 60# ～70#	kg	6.67	0.15	0.30	0.30	0.30
	松香水	kg	9.92	0.16	0.22	0.26	0.34
	锯条	根	0.42	4	4	4	6
	零星材料费	元	—	0.75	0.96	1.16	1.29
机械	汽车式起重机 8t	台班	767.15	0.4	0.4	0.4	0.4
	载货汽车 5t	台班	443.55	0.5	0.5	0.6	0.8
	交流弧焊机 32kV•A	台班	87.97	1.0	1.0	1.5	1.5
	试压泵 60MPa	台班	24.94	0.15	0.25	0.25	0.25
	电焊条烘干箱 600×500×750	台班	27.16	0.10	0.10	0.15	0.15

2.双流式过滤器安装

单位：台

编号				3-274	3-275	3-276	3-277
项目				双流式			
				直径(mm)			
				800	1000	1250	1600
预算基价	总价(元)			**4708.27**	**5260.09**	**5968.95**	**7043.09**
	人工费(元)			3763.80	4256.55	4891.05	5827.95
	材料费(元)			230.72	287.30	317.30	365.83
	机械费(元)			713.75	716.24	760.60	849.31
组成内容		**单位**	**单价**	**数量**			
人工	综合工	工日	135.00	27.88	31.53	36.23	43.17
材料	普碳钢板 Q195～Q235 δ3.5～4.0	t	3945.80	0.008	0.010	0.010	0.012
	耐酸橡胶板 δ3	kg	17.38	2.23	3.50	4.45	4.45
	酚醛调和漆	kg	10.67	2.0	2.8	3.2	4.2
	四氟带	kg	46.22	0.01	0.01	0.01	0.02
	橡胶石棉盘根 D11～25 250℃编制	kg	25.04	0.2	0.4	0.4	0.4
	氧气	m^3	2.88	8	8	8	10
	乙炔气	kg	14.66	3.04	3.04	3.04	3.80
	电焊条 E4303 D3.2	kg	7.59	3	3	4	4
	气焊条 $D<2$	kg	7.96	0.4	0.4	0.4	0.6
	镀锌钢丝 D2.8～4.0	kg	6.91	3.40	4.56	4.72	6.17
	破布	kg	5.07	0.30	0.40	0.40	0.40

续前

单位：台

编号				3-274	3-275	3-276	3-277
项目				双流式			
				直径(mm)			
				800	1000	1250	1600
组成内容		**单位**	**单价**	**数量**			
材料	棉纱	kg	16.11	0.30	0.40	0.40	0.40
	铁砂布 0# ～2#	张	1.15	2	2	2	2
	黑铅粉	kg	0.44	0.05	0.05	0.05	0.05
	红丹粉	kg	12.42	0.05	0.05	0.05	0.05
	机油 5# ～7#	kg	7.21	0.1	0.1	0.1	0.1
	煤油	kg	7.49	0.15	0.30	0.30	0.30
	汽油 60# ～70#	kg	6.67	0.15	0.30	0.30	0.30
	松香水	kg	9.92	0.16	0.22	0.26	0.34
	锯条	根	0.42	4	4	4	4
	凡尔砂	kg	10.28	0.02	0.02	0.02	0.02
	零星材料费	元	—	0.92	1.14	1.26	1.46
机械	汽车式起重机 8t	台班	767.15	0.4	0.4	0.4	0.4
	载货汽车 5t	台班	443.55	0.5	0.5	0.6	0.8
	交流弧焊机 32kV•A	台班	87.97	2.0	2.0	2.0	2.0
	试压泵 60MPa	台班	24.94	0.15	0.25	0.25	0.25
	电焊条烘干箱 600×500×750	台班	27.16	0.20	0.20	0.20	0.20

四、电渗析器安装

单位：台

编号				3-278	3-279
项目				电渗析器	
				出力(t/h)	
				2～7	10～30
预算基价	总价(元)			**2843.18**	**3742.81**
	人工费(元)			2146.50	3045.60
	材料费(元)			122.70	123.23
	机械费(元)			573.98	573.98
组成内容		单位	单价	数量	
人工	综合工	工日	135.00	15.90	22.56
材料	普碳钢板 Q195～Q235 δ3.5～4.0	t	3945.80	0.008	0.008
	塑料布	kg	10.93	0.5	0.5
	酚醛调和漆	kg	10.67	0.25	0.30
	四氟带	kg	46.22	0.01	0.01
	氧气	m^3	2.88	4	4
	乙炔气	kg	14.66	1.52	1.52
	电焊条 E4303 D3.2	kg	7.59	0.6	0.6
	气焊条 $D<2$	kg	7.96	0.5	0.5
	破布	kg	5.07	0.75	0.75
	工业盐	kg	0.91	40	40
机械	汽车式起重机 8t	台班	767.15	0.4	0.4
	载货汽车 5t	台班	443.55	0.5	0.5
	交流弧焊机 32kV·A	台班	87.97	0.5	0.5
	电焊条烘干箱 600×500×750	台班	27.16	0.05	0.05

五、软化器安装

1.钠离子软化器安装

单位：台

编号				3-280	3-281	3-282	3-283	3-284	3-285
项目				钠离子软化器					
				直径(mm)					
				800	1000	1250	1600	1800	2000
预算基价	总价(元)			**3372.46**	**3893.79**	**5789.60**	**6921.20**	**7731.79**	**9369.77**
	人工费(元)			2544.75	2936.25	4653.45	5630.85	6243.75	7537.05
	材料费(元)			204.65	290.12	332.19	393.93	458.56	510.08
	机械费(元)			623.06	667.42	803.96	896.42	1029.48	1322.64
组成内容		单位	单价	数量					
人工	综合工	工日	135.00	18.85	21.75	34.47	41.71	46.25	55.83
材料	普碳钢板 Q195～Q235 $\delta3.5$～4.0	t	3945.80	0.008	0.010	0.010	0.012	0.012	0.015
	耐酸橡胶板 $\delta3$	kg	17.38	3.23	6.23	6.45	6.68	9.68	9.90
	酚醛调和漆	kg	10.67	2.20	3.00	3.80	5.20	6.00	7.00
	四氟带	kg	46.22	0.01	0.01	0.01	0.01	0.01	0.02
	橡胶石棉盘根 $D11$～25 250℃编制	kg	25.04	0.20	0.20	0.40	0.60	0.60	0.75
	氧气	m^3	2.88	4	4	6	6	6	6
	乙炔气	kg	14.66	1.52	1.52	2.28	2.28	2.28	2.28
	电焊条 E4303 $D3.2$	kg	7.59	2	3	3	4	4	5
	气焊条 $D<2$	kg	7.96	0.2	0.2	0.2	0.3	0.3	0.3
	镀锌钢丝 $D2.8$～4.0	kg	6.91	3.24	4.48	4.50	6.50	6.92	8.37
	破布	kg	5.07	0.26	0.26	0.37	0.47	0.47	0.48

续前

单位：台

编号				3-280	3-281	3-282	3-283	3-284	3-285
项目				钠离子软化器					
				直径(mm)					
				800	1000	1250	1600	1800	2000
组成内容		单位	单价	数量					
材料	棉纱	kg	16.11	0.26	0.26	0.37	0.47	0.47	0.48
	铁砂布 0# ～2#	张	1.15	2	2	3	4	4	5
	黑铅粉	kg	0.44	0.05	0.05	0.05	0.05	0.05	0.10
	红丹粉	kg	12.42	0.05	0.05	0.05	0.05	0.05	0.10
	机油 5# ～7#	kg	7.21	0.10	0.10	0.15	0.20	0.20	0.25
	煤油	kg	7.49	0.15	0.15	0.30	0.50	0.50	0.50
	汽油 60# ～70#	kg	6.67	0.15	0.15	0.30	0.50	0.50	0.50
	松香水	kg	9.92	0.18	0.24	0.30	0.40	0.48	0.56
	凡尔砂	kg	10.28	0.01	0.01	0.02	0.02	0.02	0.02
	锯条	根	0.42	2	2	4	4	4	4
	零星材料费	元	—	1.02	1.16	1.32	1.57	1.83	2.03
机械	交流弧焊机 32kV·A	台班	87.97	1.0	1.0	1.5	1.5	1.5	1.5
	试压泵 60MPa	台班	24.94	0.15	0.15	0.25	0.40	0.40	0.40
	电焊条烘干箱 600×500×750	台班	27.16	0.10	0.10	0.15	0.15	0.15	0.15
	汽车式起重机 8t	台班	767.15	0.4	0.4	0.4	0.4	0.4	0.5
	载货汽车 5t	台班	443.55	0.5	0.6	0.8	1.0	1.3	1.2
	载货汽车 8t	台班	521.59	—	—	—	—	—	0.5

2.食盐溶解过滤器安装

单位：台

编号				3-286	3-287
项目				食盐溶解过滤器	
				直径(mm)	
				426	670
预算基价	总价(元)			**1695.97**	**1949.11**
	人工费(元)			1136.70	1385.10
	材料费(元)			114.62	119.36
	机械费(元)			444.65	444.65
组成内容		单位	单价	数量	
人工	综合工	工日	135.00	8.42	10.26
材料	普碳钢板 Q195～Q235 $\delta3.5～4.0$	t	3945.80	0.005	0.006
	耐酸橡胶板 $\delta3$	kg	17.38	2.00	2.00
	酚醛调和漆	kg	10.67	0.13	0.20
	四氟带	kg	46.22	0.01	0.01
	橡胶石棉盘根 $D11～25$ 250℃编制	kg	25.04	0.20	0.20
	石棉橡胶板 低压 $\delta0.8～6.0$	kg	19.35	0.23	0.23
	氧气	m^3	2.88	3	3
	乙炔气	kg	14.66	0.99	0.99
	电焊条 E4303 $D3.2$	kg	7.59	1	1
	镀锌钢丝 $D2.8～4.0$	kg	6.91	1.00	1.00
	破布	kg	5.07	0.25	0.25
	棉纱	kg	16.11	0.25	0.25
	铁砂布 0#～2#	张	1.15	1	1
	黑铅粉	kg	0.44	0.05	0.05
	红丹粉	kg	12.42	0.05	0.05
	机油 5#～7#	kg	7.21	0.10	0.10
	煤油	kg	7.49	0.15	0.15
	汽油 60#～70#	kg	6.67	0.15	0.15
	凡尔砂	kg	10.28	0.01	0.01
	零星材料费	元	—	1.13	1.18
机械	汽车式起重机 8t	台班	767.15	0.4	0.4
	载货汽车 5t	台班	443.55	0.2	0.2
	交流弧焊机 32kV·A	台班	87.97	0.5	0.5
	试压泵 60MPa	台班	24.94	0.15	0.15
	电焊条烘干箱 600×500×750	台班	27.16	0.05	0.05

六、衬胶离子交换器安装

1.阴阳离子交换器安装

单位：台

编号				3-288	3-289	3-290	3-291	3-292	3-293
项目				阴阳离子交换器					
				树脂高1.6m			树脂高2.0m		
				直径(mm)					
				800	1000	1250	1600	1800	2000
预算基价	总价(元)			**3684.97**	**4059.45**	**4953.54**	**6155.13**	**6953.37**	**8125.46**
	人工费(元)			2724.30	3010.50	3844.80	4866.75	5467.50	6219.45
	材料费(元)			249.62	337.90	349.60	396.17	458.10	496.38
	机械费(元)			711.05	711.05	759.14	892.21	1027.77	1409.63
组成内容		**单位**	**单价**	**数量**					
人工	综合工	工日	135.00	20.18	22.30	28.48	36.05	40.50	46.07
材料	电	kW·h	0.73	8.66	8.66	8.66	8.66	8.66	8.66
	普碳钢板 Q195～Q235 δ3.5～4.0	t	3945.80	0.008	0.010	0.010	0.012	0.012	0.015
	耐酸橡胶板 δ3	kg	17.38	3	6	6	6	9	9
	酚醛调和漆	kg	10.67	2.0	2.8	3.6	5.4	6.0	7.0
	四氟带	kg	46.22	0.01	0.01	0.01	0.01	0.01	0.01
	硬聚氯乙烯焊条 D4	kg	11.23	0.2	0.2	0.2	0.2	0.2	0.2
	尼龙绳 D0.5～1.0	kg	54.14	0.1	0.2	0.2	0.3	0.3	0.4
	氧气	m^3	2.88	2	2	2	2	2	2
	乙炔气	kg	14.66	0.66	0.66	0.66	0.66	0.66	0.66
	电焊条 E4303 D3.2	kg	7.59	2.5	3.0	3.0	3.0	3.0	3.0

续前 单位：台

编号				3-288	3-289	3-290	3-291	3-292	3-293
项目				阴阳离子交换器					
				树脂高1.6m			树脂高2.0m		
				直径(mm)					
				800	1000	1250	1600	1800	2000
组成内容		单位	单价	数量					
材料	不锈钢电焊条 奥102 $D3.2$	kg	40.67	0.2	0.2	0.2	0.2	0.2	0.2
	镀锌钢丝 $D2.8$～4.0	kg	6.91	3.24	4.38	4.60	6.20	6.50	7.86
	破布	kg	5.07	0.2	0.2	0.2	0.2	0.2	0.2
	铁砂布 0#～2#	张	1.15	1	2	2	3	3	3
	松香水	kg	9.92	0.16	0.22	0.29	0.43	0.50	0.56
	锯条	根	0.42	2	2	4	4	4	4
	白麻绳 $D26$	kg	9.69	6	6	6	6	6	6
	零星材料费	元	—	2.47	3.35	3.46	3.92	4.54	4.91
机械	交流弧焊机 32kV·A	台班	87.97	1	1	1	1	1	1
	试压泵 60MPa	台班	24.94	0.25	0.25	0.40	0.40	0.50	0.50
	电动空气压缩机 $0.6m^3$	台班	38.51	2.22	2.22	2.22	2.22	2.22	2.22
	电焊条烘干箱 600×500×750	台班	27.16	0.1	0.1	0.1	0.1	0.1	0.1
	汽车式起重机 8t	台班	767.15	0.4	0.4	0.4	0.4	0.4	0.5
	载货汽车 5t	台班	443.55	0.5	0.5	0.6	0.9	1.2	1.3
	载货汽车 8t	台班	521.59	—	—	—	—	—	0.5

2.体外再生罐安装

单位：台

编号				3-294	3-295	3-296	3-297
项目				体外再生罐			
				直径(mm)			
				800	1000	1250	1600
预算基价	总价(元)			**3523.98**	**3757.39**	**4309.60**	**4986.29**
	人工费(元)			2558.25	2708.10	3250.80	3836.70
	材料费(元)			254.68	338.24	347.75	390.45
	机械费(元)			711.05	711.05	711.05	759.14
组成内容		**单位**	**单价**	**数量**			
人工	综合工	工日	135.00	18.95	20.06	24.08	28.42
材料	电	kW•h	0.73	8.66	8.66	8.66	8.66
	普碳钢板 Q195～Q235 δ3.5～4.0	t	3945.80	0.008	0.010	0.010	0.012
	耐酸橡胶板 δ3	kg	17.38	3	6	6	6
	酚醛调和漆	kg	10.67	2.2	3.1	3.9	5.7
	四氟带	kg	46.22	0.01	0.01	0.01	0.01
	尼龙绳 *D*0.5～1.0	kg	54.14	0.1	0.2	0.2	0.3
	氧气	m^3	2.88	2	2	2	2
	乙炔气	kg	14.66	0.66	0.66	0.66	0.66
	电焊条 E4303 *D*3.2	kg	7.59	3	3	3	3
	不锈钢电焊条 奥102 *D*3.2	kg	40.67	0.2	0.2	0.2	0.2
	镀锌钢丝 *D*2.8～4.0	kg	6.91	3	4	4	5
	破布	kg	5.07	0.1	0.1	0.1	0.1
	铁砂布 0#～2#	张	1.15	1	2	2	3
	松香水	kg	9.92	0.20	0.23	0.32	0.50
	硬聚氯乙烯焊条 *D*4	kg	11.23	0.2	0.2	0.2	0.2
	锯条	根	0.42	4	4	4	4
	白麻绳 *D*26	kg	9.69	6	6	6	6
	零星材料费	元	—	2.52	2.68	2.76	3.10
机械	汽车式起重机 8t	台班	767.15	0.4	0.4	0.4	0.4
	载货汽车 5t	台班	443.55	0.5	0.5	0.5	0.6
	交流弧焊机 32kV•A	台班	87.97	1	1	1	1
	试压泵 60MPa	台班	24.94	0.25	0.25	0.25	0.40
	电焊条烘干箱 600×500×750	台班	27.16	0.1	0.1	0.1	0.1
	电动空气压缩机 0.6m^3	台班	38.51	2.22	2.22	2.22	2.22

3.树脂贮存罐安装

单位：台

编号				3-298	3-299	3-300	3-301
项目				树脂贮存罐			
				直径(mm)			
				800	1000	1250	1600
预算基价	总价(元)			**2714.83**	**2900.52**	**3376.73**	**4038.11**
	人工费(元)			1755.00	1867.05	2332.80	2909.25
	材料费(元)			248.78	322.42	332.88	369.72
	机械费(元)			711.05	711.05	711.05	759.14
组成内容		**单位**	**单价**	**数量**			
人工	综合工	工日	135.00	13.00	13.83	17.28	21.55
材料	电	kW•h	0.73	8.66	8.66	8.66	8.66
	普碳钢板 Q195～Q235 δ3.5～4.0	t	3945.80	0.008	0.010	0.010	0.012
	耐酸橡胶板 δ3	kg	17.38	3.0	6.0	6.0	6.0
	酚醛调和漆	kg	10.67	2.20	2.80	3.60	5.40
	四氟带	kg	46.22	0.01	0.01	0.01	0.01
	氧气	m^3	2.88	2	2	2	2
	乙炔气	kg	14.66	0.66	0.66	0.66	0.66
	电焊条 E4303 D3.2	kg	7.59	3	3	3	3
	不锈钢电焊条 奥102 D3.2	kg	40.67	0.2	0.2	0.2	0.2
	镀锌钢丝 D2.8～4.0	kg	6.91	3	4	4	5
	破布	kg	5.07	0.1	0.1	0.1	0.1
	铁砂布 0#～2#	张	1.15	1	1	2	3
	松香水	kg	9.92	0.20	0.22	0.29	0.43
	硬聚氯乙烯焊条 D4	kg	11.23	0.2	0.2	0.2	0.2
	锯条	根	0.42	3	3	3	3
	白麻绳 D26	kg	9.69	6	6	6	6
	零星材料费	元	—	2.46	2.56	2.64	2.93
机械	汽车式起重机 8t	台班	767.15	0.4	0.4	0.4	0.4
	载货汽车 5t	台班	443.55	0.5	0.5	0.5	0.6
	交流弧焊机 32kV•A	台班	87.97	1.0	1.0	1.0	1.0
	试压泵 60MPa	台班	24.94	0.25	0.25	0.25	0.40
	电焊条烘干箱 600×500×750	台班	27.16	0.10	0.10	0.10	0.10
	电动空气压缩机 0.6m^3	台班	38.51	2.22	2.22	2.22	2.22

七、水箱安装

单位：台

编号				3-302	3-303	3-304	3-305	3-306	3-307	3-308
项目				水箱容积(m^3)						
				10	20	30	50	75	100	150
预算基价	总价(元)			**2286.75**	**3018.65**	**4110.55**	**5788.99**	**7122.47**	**8497.55**	**11455.25**
	人工费(元)			1367.55	1863.00	2496.15	3474.90	4293.00	5239.35	6454.35
	材料费(元)			315.72	506.83	709.31	1050.95	1404.80	1788.18	2423.85
	机械费(元)			603.48	648.82	905.09	1263.14	1424.67	1470.02	2577.05
组成内容		单位	单价	数量						
人工	综合工	工日	135.00	10.13	13.80	18.49	25.74	31.80	38.81	47.81
材料	水	m^3	7.62	12	24	36	60	90	120	180
	普碳钢板 Q195～Q235 δ3.5～4.0	t	3945.80	0.005	0.007	0.009	0.012	0.015	0.021	0.026
	石棉橡胶板 低压 δ0.8～6.0	kg	19.35	3	3	3	5	5	5	7
	酚醛调和漆	kg	10.67	5.8	8.8	11.8	16.0	20.6	26.4	29.4
	四氟带	kg	46.22	0.01	0.01	0.01	0.01	0.01	0.01	0.01
	氧气	m^3	2.88	3	6	12	15	18	18	22
	乙炔气	kg	14.66	1.14	2.28	4.56	5.70	6.84	6.84	8.36
	电焊条 E4303 D3.2	kg	7.59	3	5	6	8	10	14	17
	气焊条 D<2	kg	7.96	0.30	0.30	0.35	0.35	0.40	0.40	0.50
	镀锌钢丝 D2.8～4.0	kg	6.91	3	5	6	8	10	14	17
	破布	kg	5.07	0.10	0.10	0.10	0.10	0.12	0.15	0.17
	铁砂布 0#～2#	张	1.15	3	4	5	7	9	11	12
	松香水	kg	9.92	0.46	0.70	0.94	1.28	1.65	2.11	2.35
	锯条	根	0.42	3	3	3	3	3	4	4
	零星材料费	元	—	3.13	5.02	7.02	10.41	13.91	17.70	24.00
机械	门式起重机 30t	台班	743.10	0.13	0.13	0.20	0.20	0.23	0.23	0.46
	汽车式起重机 8t	台班	767.15	0.2	0.2	0.2	—	—	—	—
	汽车式起重机 16t	台班	971.12	0.13	0.13	0.20	0.68	0.73	0.73	1.46
	平板拖车组 10t	台班	909.28	0.2	0.2	0.3	0.3	0.3	0.3	0.5
	交流弧焊机 32kV·A	台班	87.97	0.5	1.0	1.5	2.0	3.0	3.5	4.0
	电焊条烘干箱 600×500×750	台班	27.16	0.05	0.10	0.15	0.20	0.30	0.35	0.40

八、除二氧化碳器安装

单位：台

编号				3-309	3-310	3-311	3-312	3-313	3-314
项目				除二氧化碳器					
				填料高2.0m			填料高2.5m		
				直径(mm)					
				630	800	1000	1250	1400	1600
预算基价	总价(元)			**2723.35**	**3136.63**	**3612.33**	**4626.63**	**5014.69**	**5526.44**
	人工费(元)			1976.40	2342.25	2748.60	3426.30	3712.50	4109.40
	材料费(元)			264.04	275.99	300.98	406.42	463.92	490.06
	机械费(元)			482.91	518.39	562.75	793.91	838.27	926.98
组成内容		**单位**	**单价**	**数量**					
人工	综合工	工日	135.00	14.64	17.35	20.36	25.38	27.50	30.44
材料	水	m^3	7.62	1.2	2.0	3.2	5.0	6.3	8.8
	型钢	t	3699.72	0.006	0.006	0.006	0.010	0.010	0.010
	普碳钢板 Q195～Q235 δ3.5～4.0	t	3945.80	0.012	0.012	0.014	0.014	0.014	0.014
	耐酸橡胶板 δ3	kg	17.38	0.6	0.6	0.6	1.0	1.0	1.0
	酚醛调和漆	kg	10.67	1.7	2.2	2.8	3.8	4.4	5.0
	羊毛毡 δ6～8	m^2	34.67	0.01	0.01	0.02	0.02	0.03	0.03
	碳钢斜垫铁	kg	9.99	8	8	8	8	12	12
	氧气	m^3	2.88	2	2	2	4	4	4
	乙炔气	kg	14.66	0.76	0.76	0.76	1.52	1.52	1.52
	电焊条 E4303 D3.2	kg	7.59	1	1	1	2	2	2

续前

单位：台

编号				3-309	3-310	3-311	3-312	3-313	3-314
项目				除二氧化碳器					
				填料高2.0m			填料高2.5m		
				直径(mm)					
				630	800	1000	1250	1400	1600
组成内容		**单位**	**单价**	**数量**					
材料	不锈钢电焊条 奥102 *D*3.2	kg	40.67	0.2	0.2	0.2	0.2	0.2	0.2
	镀锌钢丝 *D*2.8～4.0	kg	6.91	3	3	3	6	6	6
	破布	kg	5.07	1.5	1.5	1.5	2.1	2.1	2.1
	铁砂布 0#～2#	张	1.15	1	1	2	3	3	3
	黄干油	kg	15.77	0.1	0.1	0.1	0.2	0.2	0.2
	煤油	kg	7.49	0.5	0.5	0.5	1.0	1.0	1.0
	汽油 60#～70#	kg	6.67	0.5	0.5	0.5	1.0	1.0	1.0
	松香水	kg	9.92	0.14	0.18	0.22	0.30	0.35	0.40
	毛刷	把	1.75	1	1	1	1	1	1
	零星材料费	元	—	2.61	2.73	2.39	2.83	3.22	3.41
机械	汽车式起重机 8t	台班	767.15	0.19	0.19	0.19	0.19	0.19	0.19
	汽车式起重机 16t	台班	971.12	0.2	0.2	0.2	0.3	0.3	0.3
	载货汽车 5t	台班	443.55	0.22	0.30	0.40	0.60	0.70	0.90
	交流弧焊机 32kV·A	台班	87.97	0.5	0.5	0.5	1.0	1.0	1.0
	电焊条烘干箱 600×500×750	台班	27.16	0.05	0.05	0.05	0.10	0.10	0.10

九、其他水处理设备安装

1.酸碱贮存罐安装

单位：台

编号				3-315	3-316	3-317	3-318	3-319
项目				酸碱贮存罐				
				容积(m^3以内)				
				8	16	20	40	60
预算基价	总价(元)			**1826.81**	**2464.46**	**3119.34**	**3517.69**	**4208.80**
	人工费(元)			1167.75	1680.75	1929.15	2187.00	2770.20
	材料费(元)			124.17	145.90	217.67	255.37	363.28
	机械费(元)			534.89	637.81	972.52	1075.32	1075.32
组成内容		单位	单价	数量				
人工	综合工	工日	135.00	8.65	12.45	14.29	16.20	20.52
材料	普碳钢板 Q195～Q235 *δ*3.5～4.0	t	3945.80	0.010	0.012	0.016	0.016	0.022
	耐酸橡胶板 *δ*3	kg	17.38	2	2	4	6	10
	酚醛调和漆	kg	10.67	0.25	0.25	0.25	0.50	0.50
	氧气	m^3	2.88	2	2	2	2	2
	乙炔气	kg	14.66	0.66	0.66	0.66	0.66	0.66
	电焊条 E4303 *D*3.2	kg	7.59	1	1	1	1	1
	镀锌钢丝 *D*2.8～4.0	kg	6.91	3	5	8	8	10
	破布	kg	5.07	0.5	0.5	0.5	0.5	0.6
	零星材料费	元	—	0.99	1.01	1.51	1.78	2.17
机械	交流弧焊机 32kV·A	台班	87.97	0.5	0.5	0.5	0.5	0.5
	卷扬机 单筒慢速 30kN	台班	205.84	0.5	1.0	2.0	2.0	2.0
	电焊条烘干箱 600×500×750	台班	27.16	0.05	0.05	0.05	0.05	0.05
	汽车式起重机 8t	台班	767.15	0.3	0.3	0.4	—	—
	汽车式起重机 16t	台班	971.12	—	—	—	0.4	0.4
	载货汽车 8t	台班	521.59	0.3	0.3	0.4	—	—
	载货汽车 10t	台班	574.62	—	—	—	0.4	0.4

2.溶液箱、计量箱安装,搅拌器、喷射器安装

单位:台

编号				3-320	3-321	3-322	3-323	3-324	3-325
项目				溶液箱、计量箱			搅拌器		喷射器
				容积(m^3以内)					
				0.5	1.5	3	3	8	
预算基价	总价(元)			**878.84**	**1053.09**	**1309.70**	**1483.67**	**2080.18**	**942.26**
	人工费(元)			521.10	680.40	874.80	805.95	1374.30	769.50
	材料费(元)			105.80	120.75	162.38	103.74	131.90	127.42
	机械费(元)			251.94	251.94	272.52	573.98	573.98	45.34
组成内容		**单位**	**单价**	**数量**					
人工	综合工	工日	135.00	3.86	5.04	6.48	5.97	10.18	5.70
材料	普碳钢板 Q195～Q235 δ3.5～4.0	t	3945.80	0.005	0.007	0.009	0.008	0.011	0.010
	耐酸橡胶板 δ3	kg	17.38	1	1	2	—	—	1
	酚醛调和漆	kg	10.67	1.8	1.8	2.0	1.8	2.6	—
	氧气	m^3	2.88	2	2	2	3	3	3
	乙炔气	kg	14.66	0.66	0.66	0.66	0.99	0.99	0.99
	电焊条 E4303 D3.2	kg	7.59	1.0	1.0	1.0	1.0	1.0	1.5
	镀锌钢丝 D2.8～4.0	kg	6.91	3	4	6	1	2	—
	破布	kg	5.07	0.50	0.50	0.50	0.50	0.50	0.25
	铁砂布 0#～2#	张	1.15	1	1	1	1	1	—
	松香水	kg	9.92	0.10	0.10	0.10	0.10	0.16	—
	四氟带	kg	46.22	—	—	—	0.01	0.01	—
	黄干油	kg	15.77	—	—	—	0.2	0.2	—
	煤油	kg	7.49	—	—	—	0.8	0.8	—
	型钢	t	3699.72	—	—	—	—	—	0.008
	尼龙砂轮片 D100×16×3	片	3.92	—	—	—	—	—	1
	零星材料费	元	—	1.05	1.20	1.61	1.03	1.31	1.26
机械	汽车式起重机 8t	台班	767.15	0.1	0.1	0.1	0.4	0.4	—
	载货汽车 5t	台班	443.55	0.2	0.2	0.2	0.5	0.5	—
	交流弧焊机 32kV·A	台班	87.97	0.5	0.5	0.5	0.5	0.5	0.5
	卷扬机 单筒慢速 30kN	台班	205.84	0.2	0.2	0.3	—	—	—
	电焊条烘干箱 600×500×750	台班	27.16	0.05	0.05	0.05	0.05	0.05	0.05

3.吸收器、树脂捕捉器安装

单位：台

编号				3-326	3-327	3-328	3-329	3-330	3-331
项目				泡沫吸收器	吸收器		树脂捕捉器		
				直径(mm)					
				600	266	362	133	219	273
预算基价	总价(元)			**2443.97**	**408.25**	**418.78**	**614.54**	**736.04**	**773.84**
	人工费(元)			1741.50	346.95	346.95	432.00	553.50	591.30
	材料费(元)			171.86	61.30	71.83	137.20	137.20	137.20
	机械费(元)			530.61	—	—	45.34	45.34	45.34
组成内容		**单位**	**单价**	**数量**					
人工	综合工	工日	135.00	12.90	2.57	2.57	3.20	4.10	4.38
材料	普碳钢板 Q195～Q235 δ3.5～4.0	t	3945.80	0.013	—	—	0.004	0.004	0.004
	耐酸橡胶板 δ3	kg	17.38	2.0	3.4	4.0	4.0	4.0	4.0
	酚醛调和漆	kg	10.67	1.20	0.15	0.15	0.15	0.15	0.15
	四氟带	kg	46.22	0.01	—	—	—	—	—
	氧气	m^3	2.88	2	—	—	2	2	2
	乙炔气	kg	14.66	0.76	—	—	0.66	0.66	0.66
	电焊条 E4303 D3.2	kg	7.59	2	—	—	1	1	1
	气焊条 $D<2$	kg	7.96	1	—	—	—	—	—
	镀锌钢丝 D2.8～4.0	kg	6.91	4	—	—	1	1	1
	破布	kg	5.07	0.2	—	—	0.1	0.1	0.1
	铁砂布 $0^{\#}$～$2^{\#}$	张	1.15	1	—	—	—	—	—
	松香水	kg	9.92	0.1	—	—	—	—	—
	型钢	t	3699.72	—	—	—	0.005	0.005	0.005
	零星材料费	元	—	1.70	0.61	0.71	1.36	1.36	1.36
机械	汽车式起重机 8t	台班	767.15	0.4	—	—	—	—	—
	载货汽车 5t	台班	443.55	0.3	—	—	—	—	—
	交流弧焊机 32kV·A	台班	87.97	1.0	—	—	0.5	0.5	0.5
	电焊条烘干箱 600×500×750	台班	27.16	0.10	—	—	0.05	0.05	0.05

4.储气罐安装、取样设备安装

编号				3-332	3-333	3-334	3-335
项目				储气罐			取样冷却器
				容积(m^3以内)			
				0.7 (台)	2.5 (台)	6 (台)	(个)
预算基价	总价(元)			**1320.38**	**1541.36**	**1910.07**	**532.52**
	人工费(元)			675.00	855.90	1175.85	472.50
	材料费(元)			116.13	156.21	204.97	38.76
	机械费(元)			529.25	529.25	529.25	21.26
组成内容		**单位**	**单价**	**数量**			
人工	综合工	工日	135.00	5.00	6.34	8.71	3.50
材料	普碳钢板 Q195～Q235 $\delta3.5\sim4.0$	t	3945.80	0.0060	0.0080	0.0110	0.0001
	耐酸橡胶板 $\delta3$	kg	17.38	2.5	3.0	3.0	—
	酚醛调和漆	kg	10.67	1.25	2.00	4.50	0.60
	四氟带	kg	46.22	0.01	0.01	0.01	—
	氧气	m^3	2.88	2.0	2.0	2.0	1.3
	乙炔气	kg	14.66	0.66	0.66	0.66	0.43
	电焊条 E4303 $D3.2$	kg	7.59	1.00	2.00	2.00	0.75
	镀锌钢丝 $D2.8\sim4.0$	kg	6.91	1	2	3	—
	破布	kg	5.07	0.20	0.20	0.20	0.03
	铁砂布 $0^{\#}\sim2^{\#}$	张	1.15	1.0	1.0	2.0	0.5
	松香水	kg	9.92	0.07	0.13	0.30	0.11
	锯条	根	0.42	3	3	4	—
	型钢	t	3699.72	—	—	—	0.0025
	石棉橡胶板 中压 $\delta0.8\sim6.0$	kg	20.02	—	—	—	0.22
	黑铅粉	kg	0.44	—	—	—	0.02
	机油 $5^{\#}\sim7^{\#}$	kg	7.21	—	—	—	0.05
	零星材料费	元	—	1.15	1.55	1.63	0.38
机械	汽车式起重机 8t	台班	767.15	0.4	0.4	0.4	—
	载货汽车 5t	台班	443.55	0.3	0.3	0.3	—
	交流弧焊机 32kV·A	台班	87.97	1	1	1	—
	电焊条烘干箱 600×500×750	台班	27.16	0.05	0.05	0.05	—
	直流弧焊机 20kW	台班	75.06	—	—	—	0.25
	试压泵 60MPa	台班	24.94	—	—	—	0.10

十、油处理设备安装

单位：台

编号				3-336	3-337	3-338	3-339	3-340	3-341	3-342
项目				露天油箱						中间油箱
				容积(m³)						
				10	20	30	40	60	80	2
预算基价	总价(元)			**2535.35**	**2987.70**	**3459.79**	**4961.77**	**5756.25**	**6621.71**	**1237.51**
	人工费(元)			1684.80	2069.55	2358.45	3326.40	4020.30	4654.80	810.00
	材料费(元)			326.17	393.77	448.09	549.91	650.49	732.18	148.89
	机械费(元)			524.38	524.38	653.25	1085.46	1085.46	1234.73	278.62
组成内容		**单位**	**单价**	**数量**						
人工	综合工	工日	135.00	12.48	15.33	17.47	24.64	29.78	34.48	6.00
材料	普碳钢板 Q195～Q235 δ3.5～4.0	t	3945.80	0.0060	0.0080	0.0100	0.0140	0.0200	0.0240	0.0060
	酚醛调和漆	kg	10.67	6.50	10.00	12.70	15.10	20.20	23.40	1.30
	四氟带	kg	46.22	0.01	0.02	0.02	0.02	0.02	0.02	0.01
	电	kW·h	0.73	1	2	2	2	3	4	1
	耐油石棉橡胶板 δ2	kg	35.22	3.0	3.0	3.0	3.0	3.0	3.0	1.5
	氧气	m³	2.88	3.0	3.0	3.0	6.0	6.0	6.0	2.0
	乙炔气	kg	14.66	1.14	1.14	1.14	2.28	2.28	2.28	0.76
	电焊条 E4303 D3.2	kg	7.59	2.00	2.00	2.00	3.00	3.00	3.00	2.00
	镀锌钢丝 D2.8～4.0	kg	6.91	5	5	6	8	10	12	1
	破布	kg	5.07	2.00	3.00	3.00	3.50	3.50	4.00	0.50
	铁砂布 0#～2#	张	1.15	6.0	9.0	12.0	13.0	17.0	19.0	1.0
	锯条	根	0.42	3	3	3	4	4	4	2
	气焊条 D<2	kg	7.96	0.2	0.2	0.2	0.3	0.3	0.3	0.1
	棉纱	kg	16.11	1.5	2.0	2.5	3.0	3.0	3.5	0.5
	尼龙砂轮片 D100×16×3	片	3.92	1	2	2	2	3	4	1
	零星材料费	元	—	3.23	3.90	3.11	3.82	3.24	3.64	1.03
机械	电焊条烘干箱 600×500×750	台班	27.16	0.05	0.05	0.05	0.10	0.10	0.10	0.05
	门式起重机 30t	台班	743.10	0.1	0.1	0.1	0.1	0.1	0.1	0.1
	直流弧焊机 20kW	台班	75.06	0.50	0.50	0.50	1.00	1.00	1.00	0.50
	汽车式起重机 8t	台班	767.15	0.4	0.4	0.5	—	—	—	0.1
	汽车式起重机 16t	台班	971.12	—	—	—	0.8	0.8	0.9	—
	载货汽车 5t	台班	443.55	—	—	—	—	—	—	0.2
	载货汽车 8t	台班	521.59	0.2	0.2	0.3	0.3	0.3	0.4	—

十一、水处理设备系统试运转

单位：套

编号				3-343	3-344	3-345	3-346	3-347	3-348	3-349	3-350
项目				过滤、两级钠交换系统		过滤、并列氢钠两级钠系统		过滤、一级除盐混床系统		过滤、两级化学除盐系统	
				出力(t/h)							
				30～60	70～150	30～60	70～150	30～60	70～150	30～60	70～150
预算基价	总价(元)			**48750.53**	**119670.05**	**86705.29**	**204416.76**	**203454.53**	**359730.43**	**325887.91**	**559986.78**
	人工费(元)			15653.25	19130.85	20497.05	27329.40	27329.40	37663.65	38260.35	51304.05
	材料费(元)			32061.54	98955.44	64285.40	172398.75	171534.39	315150.51	280382.12	496010.22
	机械费(元)			1035.74	1583.76	1922.84	4688.61	4590.74	6916.27	7245.44	12672.51
组成内容		**单位**	**单价**	**数量**							
人工	综合工	工日	135.00	115.95	141.71	151.83	202.44	202.44	278.99	283.41	380.03
材料	除盐水	t	—	—	—	—	—	(1894)	(2724)	(2056)	(3004)
	水	m^3	7.62	3548	11784	4374	12902	5365	14040	8146	18000
	电	kW·h	0.73	816	1056	1224	1581	1224	2324	1224	2324
	钢板平焊法兰 1.6MPa *DN*50	个	22.98	6	10	6	10	6	10	6	10
	普碳钢板 Q195～Q235 δ3.5～4.0	t	3945.80	0.050	0.080	0.050	0.080	0.050	0.080	0.050	0.080
	石棉橡胶板 低压 δ0.8～6.0	kg	19.35	1	2	1	2	1	2	1	2
	精制六角带帽螺栓 M16×(61～80)	套	1.35	30	220	30	220	30	220	30	220
	四氟带	kg	46.22	0.02	0.02	0.02	0.02	0.02	0.02	0.02	0.02
	氧气	m^3	2.88	6	10	6	10	6	10	6	10
	乙炔气	kg	14.66	1.98	3.30	1.98	3.30	1.98	3.30	1.98	3.30
	电焊条 E4303 *D*3.2	kg	7.59	2	3	2	3	2	3	2	3
	破布	kg	5.07	1.0	2.0	1.0	2.0	2.0	2.2	2.1	2.3
	工业盐	kg	0.91	4360	8130	3930	12000	—	—	—	—
	稀盐酸	kg	3.02	—	—	5860	13900	17400	30400	33000	58000
	氢氧化钠	kg	7.24	—	—	1150	2630	10600	15700	16200	25000
机械	载货汽车 5t	台班	443.55	2	3	4	10	10	15	16	28
	交流弧焊机 32kV·A	台班	87.97	1	2	1	2	1	2	1	2
	内燃空气压缩机 6m^3	台班	330.12	0.10	0.15	0.10	0.15	0.12	0.18	0.10	0.15
	试压泵 60MPa	台班	24.94	1	1	1	1	1	1	1	1
	电焊条烘干箱 600×500×750	台班	27.16	0.1	0.1	0.1	0.1	0.1	0.1	0.1	0.1

第五章　炉 墙 砌 筑

说 明

一、敷管式及膜式水冷壁炉墙砌筑：

1.工作内容：

(1)耐火混凝土：L形钩钉焊接,钢丝网下料、敷设及定位。

(2)炉底磷酸耐火混凝土：工作件表面清扫、除垢,膨胀缝设置五合板,调酸、搅拌及闷料,分层捣打,层间打毛,养护。

(3)膜式水冷壁保温混凝土：L形钩钉焊接,钢丝网下料、敷设及定位。

(4)矿、岩棉缝合毡或矿、岩棉半硬板：L形钩钉焊接,矿、岩棉缝合毡或矿、岩棉半硬板分层铺实,钢丝网敷设,用压板及螺母紧固压紧缝合毡或半硬板至设计厚度。

(5)炉墙抹面及密封涂料：敷设钢丝网紧固定位。

2.直斜墙及包墙子目适用于水冷壁炉墙、冷灰斗炉墙及过热器包墙,炉顶部分适用于平天棚炉墙,超细玻璃棉缝合毡子目只适用于膜式水冷壁炉墙,炉墙抹面及密封涂料子目适用于全炉。

3.敷管式与膜式水冷壁炉墙工程量计算时,应扣除加热面管子埋入炉墙部分。

二、框架式耐火混凝土炉墙砌筑：

1.工作内容：钢筋拉直、加工、焊接、绑扎,吊砖铁件安装。

2.直斜墙子目适用于燃烧室、省煤器及过热器炉墙,炉顶适用于前后平天棚和斜天棚,保温混凝土、抹面层及密封涂料子目适用于炉墙一切部位。

3.抹面中如设计有钢丝网时,应执行敷管炉墙抹面子目。

三、墙中局部耐火混凝土、耐火塑料及保温混凝土浇灌：

1.耐火混凝土子目适用于各型炉墙节点中的零星部位(灰渣斗及冷灰斗管子穿墙、炉顶及省煤器等管子穿墙、折焰角管子穿墙、空气预热器防磨及省煤器支撑梁等),也适用于高温炉烟管道中的耐火混凝土浇灌。耐火塑料子目适用于大汽包底部及空气预热器伸缩节等投掷式施工部位。燃烧带子目适用于炉膛高温区带钩钉的水冷壁管表面敷设。保温混凝土子目适用于炉墙节点中的零星部位。

2.计算工程量时应扣除管子穿墙部分的体积。

四、炉墙填料填塞：

1.石棉硅藻土子目适用于加热面联箱外壳的填料填塞,石棉绒高硅氧纤维子目适用于天棚过热器上穿墙管外的密封,也适用于施工图上注明的性质相近的填料施工。

2.计算工程量时应扣除管子穿墙部分的体积。

五、文丘里管、捕滴筒内衬：

1.适用于一般规格钢制的文丘里管、捕滴筒及水膜式除尘器,不适用于混凝土及砖结构的砌筑。

2.其中CF-9干式除尘器子目也适用于其他钢制干式除尘器。

3.内衬板砌筑子目中瓷板、铸石板、胶泥为未计价材料,均加“()”表示,具体工程量可根据设计用量加损耗量计算。

六、粉管道弯头防磨及冲灰沟内衬铸石板:基价对冲灰沟弯头的异型铸石板的施工已做了综合,执行时不再做调整。

七、本章炉墙砌筑子目适用于75～130t/h锅炉配套的轻型炉墙砌筑工程,75t/h以下锅炉的重型炉墙砌筑按本基价第四册《炉窑砌筑工程》DBD 29-304-2020执行。编制保温绝热工程的预算时,可执行本基价第十一册《刷油、防腐蚀、绝热工程》DBD 29-311-2020。

八、本章各子目均包括以下工作内容:

1.耐火混凝土、耐火塑料、保温混凝土:材料运搬,按配比配料,骨料闷料,搅拌,浇灌,捣打,表面处理,养生及试块制作,模板制作、安装及拆除。

2.炉墙填料:材料运搬,填料填塞及充实。

3.炉墙抹面及密封涂料:材料运搬,按配比配料,搅拌,涂料压光,钢筋加工、焊接、绑扎及涂刷沥青,表面修理及试块制作。

4.文丘里管、捕滴筒内衬砌筑:材料运搬,调制胶泥,清洗板块,设备内部除锈,涂稀胶泥,拉线砌筑,板块临时加工,勾缝找平,分层抹平及压光,酸洗,养护。

5.送粉管道弯头防磨:材料运搬,铸石板清点、砌筑,板块临时加工,混凝土搅拌、浇灌、填塞捣实。

6.冲灰沟内衬铸石板:材料运搬,灰沟内部找平,砂浆搅拌,铸石板清点、镶砌及板块临时加工,勾缝。

7.各种炉墙结构地面组合施工以及起吊后的填塞和施工接缝等工作,均已综合在各项有关子目中,编制预算时不另行计算。

8.基价中以“()”标出的材料为未计价材料,编制预算时应根据设计的材料配合比及天津市材料预算价格增加费用。

9.工程单位“m^3”或“m^2”指砌体的实体积或实面积。计算工程量时,以下部分不做扣除:

(1)小于25mm的膨胀缝所占体积。

(2)断面积小于0.02m^2的孔洞。

(3)炉门喇叭口的斜度。

(4)墙根交叉处的小斜坡。

工程量计算规则

一、炉墙耐火层、保温层按设计图示的设备表面尺寸以体积计算。计算砌体的实体积或实面积。对敷管炉墙及膜式水冷壁炉墙的工程量计算如下：

$$V = F \times \delta_1$$

$$\delta_1 = \frac{S \times \delta - \pi/8 \times d}{S}$$

式中：V——工程量体积(m^3)；

F——与水冷壁管接触部分的耐火混凝土(或保温混凝土)的外表面积(m^2)；

δ_1——计算厚度(m)；

S——受热面管子节距(m)；

δ——混凝土层设计厚度(m)；

d——受热面管子外径(m)。

二、炉墙砌筑保温制品或敷设矿物棉、石棉板、泡沫石棉板的工程均按设计图示的设备表面尺寸以体积计算。体积计算如下：

$$V = A \times \delta$$

式中：V——工程量体积(m^3)；

A——敷设面积(m^2)；

δ——敷设层厚度(m)。

计算面积 A 时,应将门孔面积扣除；矿物棉制品敷设厚度 δ 以其压缩前的厚度(m)为准。

三、抹面层按设计图示的设备表面尺寸以面积计算。计算工程量时不扣除小于25mm的膨胀缝所占面积及断面积小于 $0.25m^2$ 的孔洞。

四、文丘里管、捕滴筒内衬、送粉管道弯头防磨浇灌防磨混凝土工程按设计图示的设备表面尺寸以面积或体积计算。

五、送粉管道弯头防磨外镶异型铸石板及干式除尘器异型铸石板内衬按质量计算。

六、冲灰沟内衬铸石板按设计图示中心线长度计算。

一、敷管式及膜式水冷壁炉墙砌筑

单位：m^3

编号				3-351	3-352	3-353	3-354	3-355	3-356	3-357
项目				耐火混凝土		保温混凝土	保温混凝土膜式水冷壁		保温制品直斜墙及包墙	
				炉底磷酸盐混凝土	直斜墙及包墙	敷管式直斜墙及包墙	炉墙 $\delta=50mm$	炉墙 $\delta=180mm$	矿、岩棉、超细棉缝合毡	矿、岩棉、泡沫石棉半硬板
预算基价	总价(元)			**4401.56**	**3711.77**	**779.12**	**2539.54**	**1112.43**	**607.74**	**578.04**
	人工费(元)			3275.10	2203.20	685.80	1321.65	816.75	321.30	291.60
	材料费(元)			774.52	1325.47	36.12	1088.85	223.99	232.69	232.69
	机械费(元)			351.94	183.10	57.20	129.04	71.69	53.75	53.75
组成内容		单位	单价	数量						
人工	综合工	工日	135.00	24.26	16.32	5.08	9.79	6.05	2.38	2.16
材料	磷酸盐混凝土	m^3	—	(1.13)	—	—	—	—	—	—
	耐火混凝土	m^3	—	—	(1.06)	—	—	—	—	—
	保温混凝土	m^3	—	—	—	(1.06)	(1.06)	(1.06)	—	—
	岩棉板毡	m^3	—	—	—	—	—	—	(1.03)	(1.03)
	电	kW·h	0.73	144	—	—	—	—	—	—
	型钢	t	3699.72	0.00686	—	—	—	—	—	—
	镀锌钢丝网 40×40×3.6	m^2	30.61	1.5	36.8	—	32.2	6.4	—	—
	橡胶板 δ1～3	kg	11.26	1	—	—	—	—	—	—
	木板	m^3	1672.03	0.02	0.04	0.02	0.04	0.01	—	—
	硅藻土粉 生料	kg	0.80	39	—	—	—	—	—	—

续前 单位：m^3

编号				3-351	3-352	3-353	3-354	3-355	3-356	3-357
项目				耐火混凝土		保温混凝土	保温混凝土膜式水冷壁		保温制品直斜墙及包墙	
				炉底磷酸盐混凝土	直斜墙及包墙	敷管式直斜墙及包墙	炉墙 $\delta=50mm$	炉墙 $\delta=180mm$	矿、岩棉、超细棉缝合毡	矿、岩棉、泡沫石棉半硬板
组成内容		单位	单价	数量						
材料	硅藻土隔热砖 GG-0.7	m^3	949.63	0.39	—	—	—	—	—	—
	胶合板 6mm厚	m^2	44.90	2	2	—	—	—	—	—
	电焊条 E4303 $D2.5\sim3.2$	kg	7.59	2.0	2.7	—	2.0	0.5	—	—
	镀锌钢丝（综合）	kg	7.16	5.9	—	—	—	—	6.8	6.8
	钉子 2mm	kg	7.74	0.10	0.70	0.30	0.70	0.12	—	—
	圆钢 $D5.5\sim9.0$	t	3896.14	—	0.0032	—	0.0032	0.0010	—	—
	煤	t	527.83	—	—	—	—	0.001	—	—
	镀锌钢丝网 20×20×1.6	m^2	13.63	—	—	—	—	—	13.5	13.5
	零星材料费	元	—	3.85	3.96	0.36	3.26	2.22	—	—
机械	机动翻斗车 1t	台班	207.17	0.80	0.07	0.03	0.03	0.03	—	—
	交流弧焊机 21kV•A	台班	60.37	1.50	1.49	—	1.19	0.24	—	—
	滚筒式混凝土搅拌机 350L	台班	248.56	0.30	0.31	0.20	0.20	0.20	—	—
	轴流风机 7.5kW	台班	42.17	0.5	—	—	—	—	—	—
	液压升降机 9m	台班	31.84	—	0.05	0.04	0.04	0.04	—	—
	载货汽车 5t	台班	443.55	—	—	—	—	—	0.01	0.01
	卷扬机 单筒快速 10kN	台班	197.27	—	—	—	—	—	0.25	0.25

二、框架式炉墙砌筑

编号				3-358	3-359	3-360	3-361	3-362
项目				耐火混凝土	保温混凝土	保温制品	炉墙密封涂料	
				直斜墙 (m^3)			d=20 ($100m^2$)	d=40 ($100m^2$)
预算基价	总价(元)			**3722.40**	**965.00**	**415.42**	**9362.08**	**12099.86**
	人工费(元)			1881.90	603.45	202.50	7204.95	9707.85
	材料费(元)			1635.63	256.05	110.03	1571.01	1571.01
	机械费(元)			204.87	105.50	102.89	586.12	821.00
组成内容		**单位**	**单价**	**数量**				
人工	综合工	工日	135.00	13.94	4.47	1.50	53.37	71.91
材料	耐火混凝土	m^3	—	(1.06)	—	—	—	—
	保温混凝土	m^3	—	—	(1.06)	—	—	—
	保温制品	m^3	—	—	—	(1.06)	—	—
	密封涂料	m^3	—	—	—	—	(2.1)	(4.2)
	硅酸盐水泥 32.5级	kg	0.36	20	—	—	—	—
	砂子	t	87.03	0.071	—	—	—	—
	页岩标砖 240×115×53	千块	513.60	0.03	—	—	—	—
	不锈钢圆钢 $D6$	t	15216.06	0.073	—	—	—	—
	木板	m^3	1672.03	0.04	0.02	—	—	—
	胶合板 6mm厚	m^2	44.90	2.0	0.6	—	—	—
	油毛毡 400g	m^2	2.57	14.5	—	—	—	—
	不锈钢电焊条 奥102 $D<2.5$	kg	40.67	6.8	—	—	—	—
	镀锌钢丝（综合）	kg	7.16	0.64	—	8.70	—	—
	钉子 2mm	kg	7.74	0.62	0.30	—	—	—
	圆钢 $D5.5$～9.0	t	3896.14	—	0.048	0.012	0.032	0.032
	电焊条 E4303 $D2.5$～3.2	kg	7.59	—	0.50	0.13	2.00	2.00
	镀锌钢丝网 20×20×1.6	m^2	13.63	—	—	—	105	105
	零星材料费	元	—	16.19	2.54	—	—	—
机械	机动翻斗车 1t	台班	207.17	0.07	0.03	0.03	0.10	0.20
	直流弧焊机 20kW	台班	75.06	1.53	—	—	—	—
	液压升降机 9m	台班	31.84	0.03	0.04	0.04	0.03	0.06
	交流弧焊机 21kV·A	台班	60.37	—	0.80	0.60	5.51	5.30
	卷扬机 单筒快速 10kN	台班	197.27	—	—	0.30	0.03	0.03
	滚筒式混凝土搅拌机 250L	台班	225.89	—	—	—	1	2
	滚筒式混凝土搅拌机 350L	台班	248.56	0.3	0.2	—	—	—

三、敷管及框架式炉顶炉墙砌筑

编 号				3-363	3-364	3-365	3-366	3-367	3-368
项 目				耐火混凝土		保温混凝土		炉墙抹面	
				敷管式 (m^3)	框架式 (m^3)	敷管式 (m^3)	框架式 (m^3)	敷管式 ($100m^2$)	框架式 ($100m^2$)
预算基价	总 价(元)			**4014.65**	**4181.08**	**833.86**	**525.06**	**5054.11**	**1786.70**
	人 工 费(元)			2656.80	2606.85	707.40	452.25	2980.80	1544.40
	材 料 费(元)			1168.67	1362.53	36.12	36.12	1602.18	—
	机 械 费(元)			189.18	211.70	90.34	36.69	471.13	242.30
组成内容		**单位**	**单价**	**数 量**					
人工	综合工	工日	135.00	19.68	19.31	5.24	3.35	22.08	11.44
材料	耐火混凝土	m^3	—	(1.06)	(1.06)	—	—	—	—
	保温混凝土	m^3	—	—	—	(1.06)	(1.06)	—	—
	抹面材料	m^3	—	—	—	—	—	(2.65)	(2.12)
	圆钢 D5.5～9.0	t	3896.14	0.003	—	—	—	0.040	—
	镀锌钢丝网 40×40×3.6	m^2	30.61	33	—	—	—	—	—
	木板	m^3	1672.03	0.03	0.15	0.02	0.02	—	—
	胶合板 6mm厚	m^2	44.90	2	3	—	—	—	—
	钉子 2mm	kg	7.74	0.4	0.4	0.3	0.3	—	—
	电焊条 E4303 D2.5～3.2	kg	7.59	0.5	—	—	—	—	—
	硅酸盐水泥 32.5级	kg	0.36	—	20	—	—	—	—

续前

编号				3-363	3-364	3-365	3-366	3-367	3-368
项目				耐火混凝土		保温混凝土		炉墙抹面	
				敷管式（m^3）	框架式（m^3）	敷管式（m^3）	框架式（m^3）	敷管式（$100m^2$）	框架式（$100m^2$）
组成内容		单位	单价	数量					
材料	砂子	t	87.03	—	0.071	—	—	—	—
	页岩标砖 240×115×53	千块	513.60	—	0.03	—	—	—	—
	不锈钢圆钢 *D*6	t	15216.06	—	0.058	—	—	—	—
	不锈钢电焊条 奥102 $D<2.5$	kg	40.67	—	0.5	—	—	—	—
	镀锌钢丝（综合）	kg	7.16	—	0.7	—	—	—	—
	油毛毡 400g	m^2	2.57	—	14.5	—	—	—	—
	镀锌钢丝网 20×20×1.6	m^2	13.63	—	—	—	—	105	—
	电焊条 E4303 *D*3.2	kg	7.59	—	—	—	—	2	—
	零星材料费	元	—	—	—	0.36	0.36	—	—
机械	机动翻斗车 1t	台班	207.17	0.07	0.07	0.03	0.02	0.03	0.07
	交流弧焊机 21kV•A	台班	60.37	1.5	—	—	—	3.0	—
	液压升降机 9m	台班	31.84	0.30	0.15	0.30	0.10	0.40	0.06
	直流弧焊机 20kW	台班	75.06	—	0.63	—	—	—	—
	卷扬机 单筒快速 10kN	台班	197.27	—	0.06	—	—	—	—
	滚筒式混凝土搅拌机 250L	台班	225.89	—	0.26	—	0.13	1.20	1.00
	滚筒式混凝土搅拌机 350L	台班	248.56	0.3	0.3	0.3	—	—	—

四、炉墙中局部耐火混凝土、耐火塑料及保温混凝土浇灌

单位：m^3

编号				3-369	3-370	3-371	3-372
项目				耐火混凝土	耐火塑料	保温混凝土	燃烧带敷设
预算基价	总价(元)			**3352.60**	**7359.92**	**1063.13**	**3701.04**
	人工费(元)			2245.05	6249.15	997.65	3280.50
	材料费(元)			993.00	996.22	—	337.53
	机械费(元)			114.55	114.55	65.48	83.01
组成内容		单位	单价	数量			
人工	综合工	工日	135.00	16.63	46.29	7.39	24.30
材料	耐火混凝土	m^3	—	(1.06)	—	—	—
	耐火塑料	m^3	—	—	(1.06)	—	(1.06)
	保温混凝土	m^3	—	—	—	(1.06)	—
	不锈钢圆钢 $D6$	t	15216.06	0.040	0.043	—	—
	木板 $\delta25$	m^3	1657.81	0.15	—	—	—
	胶合板 6mm厚	m^2	44.90	1.0	0.6	—	—
	不锈钢电焊条 奥102 $D<2.5$	kg	40.67	1.5	0.8	—	—
	镀锌钢丝（综合）	kg	7.16	0.8	0.7	—	—
	钉子 2mm	kg	7.74	0.4	0.4	—	0.1
	油毛毡 400g	m^2	2.57	7	8	—	—
	木板	m^3	1672.03	—	0.15	—	0.20
	零星材料费	元	—	2.97	2.98	—	2.35
机械	机动翻斗车 1t	台班	207.17	0.07	0.07	0.03	0.07
	直流弧焊机 20kW	台班	75.06	0.3	0.3	—	—
	卷扬机 单筒快速 20kN	台班	225.43	0.04	0.04	—	—
	滚筒式混凝土搅拌机 350L	台班	248.56	0.25	0.25	0.20	0.25
	液压升降机 9m	台班	31.84	0.2	0.2	0.3	0.2

五、炉墙填料填塞

单位：m^3

编号				3-373	3-374	3-375	3-376
项目				炉墙填料填塞			
				硅藻土或珍珠岩粉	石棉绒	高硅氧纤维	矿渣棉、岩棉、玻璃棉
预算基价	总价(元)			**379.21**	**880.06**	**1394.41**	**445.97**
	人工费(元)			373.95	874.80	1389.15	440.10
	材料费(元)			—	—	—	0.61
	机械费(元)			5.26	5.26	5.26	5.26
组成内容		单位	单价	数量			
人工	综合工	工日	135.00	2.77	6.48	10.29	3.26
材料	石棉硅藻土	m^3	—	(1.13)	—	—	—
	珍珠岩粉	m^3	—	(1.13)	—	—	—
	石棉绒	kg	—	—	(1.04)	—	—
	高硅氧纤维	kg	—	—	—	(202)	—
	矿渣棉	kg	0.58	—	—	—	1.06
机械	机动翻斗车 1t	台班	207.17	0.01	0.01	0.01	0.01
	液压升降机 9m	台班	31.84	0.1	0.1	0.1	0.1

六、送粉管道弯头防磨及冲灰沟内衬砌筑

编号				3-377	3-378	3-379	3-380	3-381
项目				送粉管道弯头防磨		冲灰沟内衬铸石板		
				外镶异型铸石板(t)	浇灌防磨混凝土(m^3)	R0125(10m)	R0150(10m)	R0175(10m)
预算基价	总价(元)			**1745.96**	**934.56**	**2181.38**	**2275.27**	**2415.78**
	人工费(元)			1598.40	837.00	2092.50	2173.50	2295.00
	材料费(元)			12.48	12.48	64.78	73.34	88.02
	机械费(元)			135.08	85.08	24.10	28.43	32.76
组成内容		**单位**	**单价**	**数量**				
人工	综合工	工日	135.00	11.84	6.20	15.50	16.10	17.00
材料	矾土水泥耐火混凝土	m^3	—	(1.68)	—	—	—	—
	异型铸石板	t	—	(1.08)	—	—	—	—
	防磨混凝土	m^3	—	—	(1.1)	—	—	—
	异型铸石板	m	—	—	—	(10.80)	(10.80)	(10.80)
	木柴	kg	1.03	12	12	—	—	—
	硅酸盐水泥 32.5级	kg	0.36	—	—	90	100	120
	砂子	t	87.03	—	—	0.372	0.429	0.515
	零星材料费	元	—	0.12	0.12	—	—	—
机械	机动翻斗车 1t	台班	207.17	0.15	0.08	0.04	0.05	0.06
	液压升降机 9m	台班	31.84	0.3	0.2	—	—	—
	滚筒式混凝土搅拌机 250L	台班	225.89	—	—	0.07	0.08	0.09
	滚筒式混凝土搅拌机 350L	台班	248.56	0.38	0.25	—	—	—

七、文丘里管、捕滴筒内衬

编号				3-382	3-383	3-384	3-385	3-386	3-387	3-388	3-389	3-390
项目				瓷板内衬(150×75×20)			铸石板内衬(150×100×25)			纯胶泥内衬		CF-9干式除尘器
				硅质胶泥($10m^2$)	环氧胶泥($10m^2$)	环氧呋喃胶泥($10m^2$)	硅质胶泥($10m^2$)	环氧胶泥($10m^2$)	环氧呋喃胶泥($10m^2$)	硅质胶泥20mm($10m^2$)	硅质砂浆30mm($10m^2$)	异型铸石板内衬(t)
预算基价	总价(元)			**2760.35**	**2526.51**	**2526.51**	**2814.35**	**2583.21**	**2583.21**	**1280.79**	**1751.79**	**2756.57**
	人工费(元)			2446.20	2257.20	2257.20	2500.20	2313.90	2313.90	878.85	1111.05	2389.50
	材料费(元)			172.00	127.16	127.16	172.00	127.16	127.16	157.40	281.18	217.32
	机械费(元)			142.15	142.15	142.15	142.15	142.15	142.15	244.54	359.56	149.75
组成内容		**单位**	**单价**	**数量**								
人工	综合工	工日	135.00	18.12	16.72	16.72	18.52	17.14	17.14	6.51	8.23	17.70
材料	瓷板	m^2	—	(10.6)	(10.6)	(10.6)	—	—	—	—	—	—
	硅质胶泥	kg	—	(300.0)	—	—	(330.0)	—	—	(536.0)	—	(242.2)
	环氧胶泥	kg	—	—	(205)	—	—	(226)	—	—	—	—
	环氧呋喃胶泥	kg	—	—	—	(202.8)	—	—	(223.3)	—	—	—
	铸石板	m^2	—	—	—	—	(10.8)	(10.8)	(10.8)	—	—	—
	硅质砂浆	kg	—	—	—	—	—	—	—	—	(1017)	—
	异型铸石板	t	—	—	—	—	—	—	—	—	—	(1.08)
	石英砂	kg	0.28	432.00	432.00	432.00	432.00	432.00	432.00	432.00	848.00	592.00
	电	kW·h	0.73	60	—	—	60	—	—	40	50	60
	木柴	kg	1.03	7.0	6.0	6.0	7.0	6.0	6.0	7.0	7.0	7.5
	煤	t	527.83	0.00006	0.00004	0.00004	0.00006	0.00004	0.00004	0.00005	0.00005	0.00007
机械	机动翻斗车 1t	台班	207.17	0.04	0.04	0.04	0.04	0.04	0.04	0.02	0.03	0.05
	滚筒式混凝土搅拌机 250L	台班	225.89	0.5	0.5	0.5	0.5	0.5	0.5	1.0	1.5	0.5
	切砖机 5.5kW	台班	32.04	0.2	0.2	0.2	0.2	0.2	0.2	—	—	0.2
	喷砂除锈机 $3m^3/min$	台班	34.55	0.42	0.42	0.42	0.42	0.42	0.42	0.42	0.42	0.58

第六章　工业与民用锅炉

说　明

一、常压、立式锅炉本体设备安装:

1.适用范围:生产热水或蒸汽的各种常压、立式生活锅炉,不论结构形式,均适用本子目。

2.工程范围及工作内容:

(1)炉本体及炉本体范围内的安全阀、压力表、温度计、水位计、给水阀、蒸汽阀、排污阀等附件安装。

(2)锅炉本体一次门以内的水压试验。

(3)烘炉、煮炉和调整安全门。

3.基价不包括的工作内容:

(1)炉本体一次门以外管道安装、保温、油漆工程。

(2)各种泵类、箱类安装工程。

二、快装锅炉成套设备安装:

1.适用范围:快装锅炉是锅炉生产厂除锅炉辅助机械单件供货外,炉本体在生产厂组装、砌筑、保温、油漆等工序全部完成后整体出厂的锅炉。

2.工程范围及工作内容:

(1)炉本体及本体范围的管道、主汽阀门、热水阀门、安全门、给水阀门、排污阀门、水位警报、水位计、温度计、压力表以及相配套的附件安装。

(2)上煤装置、除灰(渣)装置、体外省煤器等设备安装,及其随锅炉生产厂配套供货的烟、风管系统和非标构件、配件的安装。

(3)锅炉本体一次门以内的水压试验。

(4)烘炉、煮炉和调整安全门。

3.基价不包括的工作内容:

(1)锅炉本体一次门以外的管道安装及其保温、油漆工程。

(2)除上述外的非锅炉生产厂供应的设备和非标构件的制作和安装。

三、组装锅炉本体安装:

1.适用范围:本章基价主要用于由锅炉生产厂将炉本体分为上下两大件组装后出厂的蒸汽、热水燃煤锅炉。

2.工程范围及工作内容:

(1)锅炉本体的上下组件安装、本体范围的管道、主汽阀门、热水阀门、安全门、给水阀门、排污阀门、水位警报、水位计、温度计、压力表以及相配套的附件安装。

(2)锅炉本体部分的上煤装置、除灰(渣)装置、调速箱、体外省煤器设备安装,及其随锅炉生产厂配套供货的烟、风管系统和非标构件、配件的安装。

(3)锅炉本体一次门以内的水压试验。

(4)烘炉、煮炉和调整安全门。

3.基价不包括的工作内容：

(1)锅炉本体一次门以外的管道安装及保温、油漆工程。

(2)除上述外的非锅炉生产厂供应的设备和非标构件的制作和安装。

(3)锅炉本体组件接口的耐火砖砌筑、门拱砌筑、保温、油漆工程。

(4)锅炉本体下部组件包括链条炉排、底座等。如为散件供货需在现场组合安装时,基价乘以系数1.20。

(5)锅炉后体外省煤器如为散件供货,需在现场接口研磨、上弯头、组合、水压试验、安装时,基价乘以系数1.06。

(6)锅炉的电气、自动控制、遥控配风、热工、仪表的校验、调整、安装。

四、散装锅炉本体安装：

1.适用范围：本章基价主要用于通用供热锅炉,也适用于火力发电厂启动用锅炉的安装。

2.工程范围及工作内容：锅炉本体的钢架、汽包、水冷壁、过热器、省煤器、空气预热器、本体管路、吹灰装置、各种门孔构件、走台梯子、炉排安装、水压试验、烘炉、煮炉等。

3.基价不包括的工作内容：

(1)炉墙砌筑、保温和油漆。

(2)各型锅炉的辅助机械、附属设备的安装。

(3)炉本体一次门以外的管道、管件、阀门的安装。

(4)不属于锅炉生产厂随机供货的金属构件、煤斗、连接平台的安装。

(5)锅炉热工仪表的校验、调整、安装。

上述未包括的工作内容,执行本册基价和本基价其他分册中有关基价。

五、燃油(气)锅炉本体安装：

1.适用范围：本章基价只用于蒸发量在0.5～20t/h的各型整装燃油(气)锅炉和蒸发量在6～20t/h的各型散装(分部件出厂)燃油(气)锅炉的本体安装。

2.工程范围及工作内容：

(1)各型整装燃油(气)锅炉包括炉本体及本体范围内管道、阀门、管件、仪表及水位计的安装,随炉本体配套供应的油泵、水泵、燃烧器、调速器、平台、梯子、栏杆、电控箱等的安装,锅炉本体范围内的水压试验、烘炉煮炉和调整安全门。

(2)各型散装燃油(气)锅炉包括炉本体钢架、汽包、水冷系统、过热系统、省煤器及管路系统、炉本体的水汽管道、各种钢结构、除灰装置、平台、梯子、栏杆、炉体表皮包钢板、水压试验、烘炉、煮炉、调整安全门。

(3)各型整装及散装燃油(气)锅炉本体安装包括基础清理、验收、中心线校核、画线、测量标高、垫铁配制,设备检查、运搬、清点、分类复核、安装、检查、水压试验、单体调试。

3.基价不包括的工作内容：

(1)炉墙砌筑、保温和油漆。

(2)各型散装燃油(气)锅炉的泵类、油箱、水箱类的安装。

(3)不属于制造厂供货的金属结构件、煤斗、连接平台的安装。

(4)不论整装或散装炉本体一次门以外的汽、油、水管道、管件、阀门、热工仪表的安装以及保温、水压试验。

(5)整装炉的上水系统(给水泵和管路、注水器及管路)的安装。

(6)试运行所需用的轻油或重油、软化水、电力的消耗量均未计入基价,但烘炉、煮炉所需的油、水、电已计入基价。

4.其他:本章基价所选用的燃油(气)炉型号、规格、种类是按一般普通常规产品考虑的,特殊特种燃油(气)锅炉均不适用本章基价。

5.本章基价烘、煮炉是按烧油考虑的,当燃料为气体时,应扣除基价所含轻油,由建设单位提供燃气。

六、烟气净化设备安装:

1.适用范围:本章基价用于20t/h以下工业与民用锅炉安装工程相配套的辅助专用设备安装。

2.工程范围和工作内容:

(1)单筒干式、多筒干式、多管干式旋风除尘器的安装。

(2)工作内容包括:设备本体、分离器、导烟管、顶盖、排灰筒及支座的组合安装。

3.本章基价不包括的内容:旋风子的蜗壳制作、内衬的镶砌,另套加工配制和保温砌筑相应子目。

七、锅炉水处理设备安装:

1.工作内容:

(1)设备及随设备供应的管子、管件、阀门等的安装,设备本体范围内的平台、梯子、栏杆的安装,填料的搬运、筛分、装填,衬里设备防腐层的检验,设备试运转的灌水或水压试验。

(2)随设备供应的盐液、缸、电子控制仪表等的配套设备安装。

2.本章基价不包括的工作内容:

(1)设备及管道的保温、油漆,设备的二次灌浆,地脚螺栓的配制。

(2)设备进、出口第一片法兰以外的管道安装工程。

八、板式换热器设备安装:

1.工程范围及工作内容:设备及随设备供应的管子、管件、阀门、温度计、压力表等安装和水压试验。

2.本章基价不包括的工作内容:

(1)设备及管道的保温、油漆,设备的二次灌浆,地脚螺栓的配制。

(2)设备进、出口第一片法兰以外的管道安装工程。

九、输煤设备安装:

1.适用范围:本章基价用于20t/h以下工业与民用锅炉安装工程相配套的附属专用设备安装。

2.工程范围和工作内容:

(1)垂直卷扬翻斗、倾斜卷扬翻斗、带小车翻斗、单斗提升上煤机安装。

(2)工作内容包括：传动装置立柱及支架平台安装、卷扬装置翻斗的组合安装。

3.基价不包括的工作内容：

(1)框架、支架的配制及油漆工作。

(2)电机的检查接线工作。

十、除渣设备安装：

1.工程范围及工作内容：

(1)螺旋除渣机、刮板除渣机、链条除渣机、重型链条除渣机的安装。

(2)工作内容包括：设备清洗组装、机壳或机槽安装，渣机头、尾部安装，传动装置及拉链安装。

2.基价不包括的工作内容：电机的检查接线和油漆工作。

十一、双辊齿轮式破碎机安装：

1.工程范围及工作内容：机架底座安装固定、活动齿轮安装、润滑系统安装、液压管路酸洗设备安装，随设备供应的梯子、平台、栏杆安装。

2.基价不包括的工作内容：电机检查接线工作。

十二、本章基价中的运输设备用的滚杠、枕木，校管、放样、组装平台、起吊用加固铁件、水压试验临时管路、专用工具等所需周转使用的材料，均按摊销量计入材料费内。

十三、环保部门、劳动监察部门的监测、检验费用，均未计入基价。

十四、本章基价各子目均包括以下工作内容：施工准备，施工地点范围内的设备、材料、成品、半成品、工具、器具的搬运，设备开箱、清点、检查、编号，基础验收、画线、铲除麻面，设备安装，水压试验，烘炉煮炉，还包括工种间交叉配合停歇时间，临时移动水、电源，配合质量检查、验收和分部试运行，及一般工程的超高作业。

十五、本章基价各子目均不包括以下工作内容：

1.电机检查接线等电气工作。

2.设备基础二次灌浆工作。

3.炉墙砌筑、保温及油漆。

4.给水设备、鼓风机、引风机安装，烟囱、烟道、风道制作、安装，除尘设备安装。

十六、烟道、风道、烟囱制作、安装执行本基价第五册《静置设备与工艺金属结构制作安装工程》DBD 29-305-2020 相应基价子目。

工程量计算规则

一、常压、立式、快装锅炉,组装、燃油(气)整装成套设备安装按设计图示数量计算。

二、散装锅炉安装按设备的铭牌质量计算,其设备质量的计算范围:

1.钢架:钢架、燃烧室、省煤器及空气预热器的立柱、横梁。

2.汽包:汽包、联箱及其支承座等。

3.水冷壁:水冷壁管、对流管、降水管、上升管、管道支吊架、水冷壁固定装置、挂钩及拉钩等。

4.过热器:过热器管及汽包至过热器的饱和蒸汽管、管钩、底座、支吊架。

5.省煤器:省煤器、锷片管、弯头和表计等,进出水联箱,省煤器到汽包的进水管、吹灰设备。

6.空气预热器:整体管式空气预热器、框架、风罩、折烟罩和热风管等。

7.本体管路:由制造厂随本体供货的吹灰管、定期和连续排污管、压力表和水位表管、放水管以及管路配件(水位计、压力表、各类阀门)、支吊架等。

8.吹灰器。

9.各种结构:各种烟道门、检查门、炉门、看火孔、灰渣斗、铸铁隔火板、炉顶搁条、密封装置及其小构件等。

10.走台梯子:锅炉本体和省煤器的平台、扶梯、栏杆和支架。

11.链式炉排:两侧墙板、前后移动轴、上下滑轨、传动链条、煤闸门、挡火器、减速箱、电动机等。

三、锅炉附属及辅助设备安装,分别按设计图示数量计算。

一、锅炉本体安装

1.常压立式锅炉本体安装

单位：台

编号				3-391	3-392	3-393	3-394	3-395	3-396	3-397
项目				立式锅炉蒸发量(t/h)/供热量(MW)						
				0.1/0.07	0.2/0.14	0.3/0.21	0.5/0.35	1.0/0.7	1.5/1.05	2.0/1.4
预算基价	总价(元)			**3446.33**	**4138.64**	**5027.66**	**6631.52**	**7825.29**	**9969.75**	**12239.36**
	人工费(元)			1543.05	2023.65	2620.35	3470.85	4396.95	5571.45	7246.80
	材料费(元)			975.79	1082.93	1249.87	1397.03	1555.18	1761.28	1946.89
	机械费(元)			927.49	1032.06	1157.44	1763.64	1873.16	2637.02	3045.67
组成内容		**单位**	**单价**	**数量**						
人工	综合工	工日	135.00	11.43	14.99	19.41	25.71	32.57	41.27	53.68
材料	水	m^3	7.62	4	6	8	12	15	21	26
	型钢	t	3699.72	0.01968	0.02187	0.02430	0.02700	0.03000	0.03340	0.03710
	花篮螺栓 M16×250	套	13.84	4.00	4.00	7.00	7.00	7.00	7.00	7.00
	石棉扭绳 D11～25	kg	15.13	1.31	1.45	1.62	1.80	2.00	2.20	2.50
	木柴	kg	1.03	6.5	7.2	8.1	9.0	10.0	11.1	12.3
	道木 250×200×2500	根	452.90	0.65	0.72	0.81	0.90	1.00	1.11	1.23
	碳钢斜垫铁	kg	9.99	4.4	4.4	4.4	4.4	4.4	6.0	6.0
	烟煤	t	632.34	0.32	0.36	0.40	0.45	0.50	0.55	0.60
	磷酸三钠	kg	4.79	10.49	11.66	12.96	14.40	16.00	17.76	19.70
	氧气	m^3	2.88	2.75	3.08	3.40	3.78	4.25	4.75	5.33

续前 单位：台

编号			3-391	3-392	3-393	3-394	3-395	3-396	3-397
项目			立式锅炉蒸发量(t/h)/供热量(MW)						
			0.1/0.07	0.2/0.14	0.3/0.21	0.5/0.35	1.0/0.7	1.5/1.05	2.0/1.4
组成内容	单位	单价	数量						
材料 乙炔气	kg	14.66	0.91	1.02	1.12	1.25	1.40	1.56	1.76
材料 电焊条 E4303 *D*3.2	kg	7.59	1.31	1.45	1.62	1.80	2.00	2.23	2.49
材料 镀锌钢丝 *D*2.8～4.0	kg	6.91	4.00	4.00	4.50	4.50	5.80	7.00	7.00
材料 棉纱	kg	16.11	1.35	1.45	1.62	1.80	2.00	2.22	2.47
材料 黄干油	kg	15.77	0.65	0.72	0.81	0.90	1.00	1.11	1.23
材料 机油 5#～7#	kg	7.21	0.65	0.72	0.81	0.90	1.00	1.11	1.23
材料 煤油	kg	7.49	1.31	1.45	1.62	1.80	2.00	2.22	2.47
材料 汽油 60#～70#	kg	6.67	1.31	1.45	1.62	1.80	2.00	2.22	2.47
材料 氢氧化钠	kg	7.24	10.49	11.66	12.96	14.40	16.00	17.76	19.70
材料 零星材料费	元	—	9.66	10.72	12.37	13.83	15.40	17.44	19.28
机械 交流弧焊机 32kV·A	台班	87.97	0.32	0.36	0.40	0.45	0.50	0.63	0.79
机械 卷扬机 单筒慢速 30kN	台班	205.84	0.53	0.59	0.72	0.85	1.24	1.95	2.90
机械 试压泵 6MPa	台班	20.25	1.10	1.30	1.45	1.80	1.89	2.08	2.29
机械 电焊条烘干箱 600×500×750	台班	27.16	0.03	0.04	0.04	0.05	0.05	0.06	0.08
机械 汽车式起重机 8t	台班	767.15	1.00	1.11	1.23	1.97	2.00	—	—
机械 汽车式起重机 16t	台班	971.12	—	—	—	—	—	2.20	2.40

2.快装锅炉成套设备安装

单位：台

编号				3-398	3-399	3-400	3-401
项目				快装锅炉蒸发量(t/h)/供热量(MW)			
				1/0.7	2/1.4	4/2.8	6/4.2
预算基价	总价(元)			**33375.71**	**42482.47**	**53344.53**	**66859.55**
	人工费(元)			16113.60	20632.05	25807.95	32772.60
	材料费(元)			13114.96	16509.80	20740.50	26255.55
	机械费(元)			4147.15	5340.62	6796.08	7831.40
组成内容		单位	单价	数量			
人工	综合工	工日	135.00	119.36	152.83	191.17	242.76
材料	水	m^3	7.62	18	29	48	88
	花篮螺栓 M16×250	套	13.84	2.56	3.20	4.00	5.00
	石棉扭绳 D11～25	kg	15.13	14.08	17.60	22.00	27.50
	木柴	kg	1.03	416.0	520.0	650.0	812.5
	道木 250×200×2500	根	452.90	3.20	4.00	5.00	6.25
	碳钢斜垫铁	kg	9.99	33.0	42.0	48.0	65.5
	烟煤	t	632.34	14.72	18.40	23.00	28.75
	磷酸三钠	kg	4.79	29.44	36.80	46.00	57.50
	普碳钢板 Q195～Q235 δ8～20	t	3843.31	0.0424	0.0680	0.1000	0.1400
	石棉橡胶板 δ3～6	kg	15.68	1.28	1.60	2.00	2.50
	氧气	m^3	2.88	11.33	14.18	17.73	22.00

续前

单位：台

编号				3-398	3-399	3-400	3-401
项目				快装锅炉蒸发量(t/h)/供热量(MW)			
				1/0.7	2/1.4	4/2.8	6/4.2
组成内容		单位	单价	数量			
材料	乙炔气	kg	14.66	3.74	4.68	5.85	7.26
	电焊条 E4303 *D*3.2	kg	7.59	22.40	28.00	35.00	44.00
	镀锌钢丝 *D*2.8～4.0	kg	6.91	5.80	7.25	9.06	11.33
	棉纱	kg	16.11	2.68	3.36	4.20	5.25
	黄干油	kg	15.77	3.20	4.00	5.00	6.25
	机油 5#～7#	kg	7.21	6.40	8.00	10.00	12.50
	煤油	kg	7.49	7.68	9.60	12.00	15.00
	汽油 60#～70#	kg	6.67	4.48	5.60	7.00	8.75
	氢氧化钠	kg	7.24	29.44	36.80	46.00	57.50
	铁砂布 0#～2#	张	1.15	19.2	24.0	30.0	37.5
	零星材料费	元	—	129.85	163.46	205.35	259.96
机械	汽车式起重机 40t	台班	1547.56	1.40	1.81	2.33	2.53
	交流弧焊机 32kV·A	台班	87.97	6.00	8.00	10.00	12.00
	试压泵 6MPa	台班	20.25	1.92	2.40	3.00	3.75
	电焊条烘干箱 600×500×750	台班	27.16	0.60	0.80	1.00	1.20
	卷扬机 单筒慢速 30kN	台班	205.84	4.48	5.60	7.00	8.75
	卷扬机 单筒慢速 50kN	台班	211.29	2.25	2.90	3.70	4.50

3.组装锅炉本体安装

单位：台

编号				3-402	3-403	3-404
项目				组装锅炉蒸发量(t/h)/供热量(MW)		
				6/4.2	10/7.0	20/14.0
预算基价	总价(元)			**97858.11**	**115883.82**	**144620.57**
	人工费(元)			47092.05	54257.85	67806.45
	材料费(元)			38015.39	43276.59	56013.15
	机械费(元)			12750.67	18349.38	20800.97
	组成内容	**单位**	**单价**	**数量**		
人工	综合工	工日	135.00	348.83	401.91	502.27
材料	水	m^3	7.62	84.00	116.00	194.00
	普碳钢板 $\delta10$	t	3696.94	0.1400	0.1880	0.2090
	石棉橡胶板 $\delta3\sim6$	kg	15.68	2.80	4.20	6.60
	花篮螺栓 M16×250	套	13.84	4.00	4.00	4.00
	花篮螺栓 M20×300	套	18.11	4	8	8
	石棉扭绳 $D11\sim25$	kg	15.13	37.50	58.00	75.50
	木柴	kg	1.03	990	1100	1400
	碳钢斜垫铁	kg	9.99	65.50	102.50	240.00
	道木 250×200×2500	根	452.90	7.80	11.10	14.60
	烟煤	t	632.34	45.0	47.0	59.0
	氧气	m^3	2.88	47.50	117.50	147.50
	乙炔气	kg	14.66	15.68	38.78	48.68
	电焊条 E4303 $D3.2$	kg	7.59	45.80	68.60	82.00
	氩气	m^3	18.60	1.10	1.80	2.20
	氩弧焊丝	kg	11.10	0.39	0.51	0.60

续前

单位：台

编号				3-402	3-403	3-404
项目				组装锅炉蒸发量(t/h)/供热量(MW)		
				6/4.2	10/7.0	20/14.0
组成内容		单位	单价	数量		
材料	钍钨棒	kg	640.87	0.01600	0.02700	0.03000
	镀锌钢丝 $D2.8\sim4.0$	kg	6.91	14.40	23.00	29.00
	棉纱	kg	16.11	5.00	7.00	8.00
	铁砂布 0#～2#	张	1.15	38.00	55.00	84.00
	黄干油	kg	15.77	6.25	8.50	11.00
	机油 5#～7#	kg	7.21	12.50	18.00	24.00
	煤油	kg	7.49	18.00	27.00	40.00
	汽油 60#～70#	kg	6.67	11.00	20.00	30.00
	锯条	根	0.42	30.00	50.00	85.00
	磷酸三钠	kg	4.79	58.00	65.00	72.00
	氢氧化钠	kg	7.24	58.00	65.00	72.00
	零星材料费	元	—	376.39	428.48	554.59
机械	交流弧焊机 32kV·A	台班	87.97	25.00	31.00	38.00
	汽车式起重机 8t	台班	767.15	4.51	6.06	7.57
	汽车式起重机 40t	台班	1547.56	2.91	—	—
	汽车式起重机 50t	台班	2492.74	—	3.13	3.24
	氩弧焊机 500A	台班	96.11	0.80	1.04	1.40
	卷扬机 单筒慢速 30kN	台班	205.84	8.50	9.40	11.00
	卷扬机 单筒慢速 50kN	台班	211.29	2.90	4.50	4.50
	试压泵 6MPa	台班	20.25	4.00	5.00	6.00
	电焊条烘干箱 600×500×750	台班	27.16	2.50	3.10	3.80

4.散装锅炉本体安装

单位：t

编号				3-405	3-406	3-407	3-408
项目				散装锅炉蒸发量(t/h)			
				4	6	10	20
预算基价	总价(元)			**6367.07**	**5342.84**	**4734.93**	**4310.67**
	人工费(元)			3011.85	2494.80	2371.95	2270.70
	材料费(元)			2348.07	2078.27	1759.04	1580.36
	机械费(元)			1007.15	769.77	603.94	459.61
组成内容		**单位**	**单价**	**数量**			
人工	综合工	工日	135.00	22.31	18.48	17.57	16.82
材料	水	m^3	7.62	3.63	3.02	2.52	2.01
	普碳钢板 $\delta 10$	t	3696.94	0.0060	0.0050	0.0040	0.0035
	石棉橡胶板 $\delta 3\sim6$	kg	15.68	0.26	0.25	0.24	0.23
	花篮螺栓 M16×250	套	13.84	0.20	0.19	0.18	0.15
	石棉扭绳 $D10\sim13$	kg	14.24	0.60	0.45	0.30	0.25
	木柴	kg	1.03	180	170	160	150
	碳钢斜垫铁	kg	9.99	1.10	0.90	0.89	0.86
	道木 250×200×2500	根	452.90	0.08	0.07	0.06	0.05
	烟煤	t	632.34	2.7	2.4	2.0	1.8
	型钢	t	3699.72	0.00698	0.00620	0.00510	0.00450
	圆钢 $D15\sim24$	t	3894.21	0.0010	0.0009	0.0008	0.0007
	焊接钢管 $D32\times2.5$	t	3843.23	0.00040	0.00035	0.00030	0.00030
	带帽螺栓 M22×85	套	4.14	6.0	5.0	4.0	3.0
	四氟带	kg	46.22	0.04	0.03	0.02	0.01
	平垫铁（综合）	kg	7.42	1.10	0.90	0.89	0.86
	焦炭	kg	1.25	24.00	18.00	13.00	10.00
	石棉灰 Ⅳ级	kg	1.01	4.5	3.5	2.0	1.5
	水玻璃	kg	2.38	0.54	0.52	0.50	0.48
	青铅	kg	22.81	1.00	1.00	1.00	1.00
	X射线胶片 80×300	张	4.14	2.40	1.80	1.35	1.00
	医用输血胶管 $D8$	m	4.40	0.12	0.09	0.07	0.05
	阿拉伯铅号码	套	38.63	0.08	0.06	0.04	0.03

续前

单位：t

编号				3-405	3-406	3-407	3-408
项目				散装锅炉蒸发量(t/h)			
				4	6	10	20
组成内容		单位	单价	数量			
材料	白漆	kg	17.58	0.02	0.02	0.01	0.01
	像质计	个	30.72	0.12	0.09	0.07	0.05
	贴片磁铁	副	2.18	0.05	0.03	0.03	0.02
	铅板 80×300×3	块	19.19	0.08	0.06	0.04	0.03
	压敏胶粘带	m	1.58	1.38	1.04	0.78	0.58
	塑料暗袋 80×300	副	3.85	0.12	0.09	0.07	0.05
	氧气	m^3	2.88	2.50	1.90	1.85	1.63
	乙炔气	kg	14.66	0.95	0.72	0.70	0.62
	电焊条 E4303 *D*3.2	kg	7.59	3.00	2.80	2.50	2.30
	氩气	m^3	18.60	0.65	0.50	0.42	0.36
	氩弧焊丝	kg	11.10	0.30	0.25	0.14	0.08
	钍钨棒	kg	640.87	0.01000	0.00850	0.00534	0.00384
	镀锌钢丝 *D*2.8～4.0	kg	6.91	2.00	1.50	1.40	1.30
	棉纱	kg	16.11	0.28	0.27	0.26	0.20
	铁砂布 0#～2#	张	1.15	1.90	1.80	1.70	1.55
	黄干油	kg	15.77	0.23	0.22	0.21	0.20
	机油 5#～7#	kg	7.21	0.83	0.82	0.81	0.80
	煤油	kg	7.49	0.50	0.48	0.45	0.40
	汽油 60#～70#	kg	6.67	0.70	0.65	0.60	0.50
	锯条	根	0.42	2.30	2.20	2.10	2.00
	磷酸三钠	kg	4.79	2.00	1.80	1.75	1.80
	氢氧化钠	kg	7.24	2.00	1.80	1.75	1.80
	电焊条 E4303 *D*4	kg	7.58	0.50	0.40	0.35	0.30
	气焊条 *D*<2	kg	7.96	0.09	0.08	0.07	0.07
	白布	m^2	10.34	0.09	0.07	0.06	0.05
	破布	kg	5.07	0.33	0.32	0.31	0.30
	黑铅粉	kg	0.44	0.08	0.07	0.06	0.05
	铅油	kg	11.17	0.53	0.52	0.51	0.50

续前 **单位：t**

编号				3-405	3-406	3-407	3-408
项目				散装锅炉蒸发量(t/h)			
				4	6	10	20
组成内容		**单位**	**单价**	**数量**			
材料	松香水	kg	9.92	0.13	0.12	0.11	0.10
	尼龙砂轮片 *D*100×16×3	片	3.92	2.40	1.80	1.35	1.01
	增感屏 80×300	副	14.39	0.12	0.09	0.07	0.05
	硫代硫酸钠	kg	20.65	0.04140	0.03105	0.02329	0.01725
	米吐尔	kg	230.67	0.00025	0.00019	0.00014	0.00011
	无水亚硫酸钠	kg	21.68	0.01088	0.00815	0.00611	0.00453
	对苯二酚	kg	34.84	0.00101	0.00076	0.00057	0.00042
	溴化钾	kg	48.11	0.00046	0.00035	0.00026	0.00019
	冰醋酸 98%	kg	2.08	4.31	3.23	2.43	1.80
	硼酸	kg	11.68	0.00129	0.00097	0.00073	0.00054
	硫酸铝钾	kg	231.75	0.00259	0.00194	0.00146	0.00108
	无水碳酸钠	kg	21.29	0.00552	0.00414	0.00311	0.00230
	医用白胶布	m^2	29.25	0.02	0.02	0.01	0.01
	英文铅号码	套	84.46	0.08	0.06	0.04	0.03
	零星材料费	元	—	23.25	20.58	17.42	15.65
机械	交流弧焊机 42kV·A	台班	122.40	0.80	0.60	0.45	0.40
	直流弧焊机 20kW	台班	75.06	0.4	0.4	0.4	0.4
	汽车式起重机 8t	台班	767.15	0.22	0.14	0.07	0.06
	汽车式起重机 16t	台班	971.12	0.18	0.16	0.15	0.10
	电动空气压缩机 0.6m^3	台班	38.51	0.11	0.10	0.09	0.08
	氩弧焊机 500A	台班	96.11	0.20	0.17	0.12	0.09
	卷扬机 单筒慢速 30kN	台班	205.84	1.20	0.90	0.68	0.51
	卷扬机 单筒慢速 50kN	台班	211.29	0.75	0.50	0.38	0.29
	试压泵 6MPa	台班	20.25	0.34	0.32	0.30	0.25
	电焊条烘干箱 600×500×750	台班	27.16	0.12	0.10	0.09	0.08
	X射线探伤机 TX-2505	台班	61.77	0.32	0.24	0.18	0.14
	电动胀管机	台班	36.67	1.20	1.07	1.01	0.68
	砂轮切割机 *D*400	台班	32.78	1.00	0.89	0.84	0.57

5.整装燃油(气)锅炉本体安装

单位：台

编号				3-409	3-410	3-411	3-412	3-413
项目				整装锅炉蒸发量(t/h以内)				
				0.7	1	2	3	4
预算基价	总价(元)			**12262.87**	**14166.46**	**17757.34**	**20299.15**	**22780.55**
	人工费(元)			8658.90	10165.50	13224.60	15248.25	17130.15
	材料费(元)			1278.89	1572.20	1891.61	2090.69	2603.86
	机械费(元)			2325.08	2428.76	2641.13	2960.21	3046.54
组成内容		**单位**	**单价**	**数量**				
人工	综合工	工日	135.00	64.14	75.30	97.96	112.95	126.89
材料	轻油	kg	—	(3000)	(3200)	(6300)	(9500)	(13000)
	镀锌钢丝 $D2.8 \sim 4.0$	kg	6.91	1	2	3	4	5
	石棉橡胶板 $\delta 0.8 \sim 3.0$	kg	15.74	0.5	0.5	1.0	1.0	1.0
	棉纱	kg	16.11	4	4	4	6	6
	白布	kg	12.98	—	—	—	0.176	0.176
	铁砂布 $0^{\#} \sim 2^{\#}$	张	1.15	10	10	15	20	20
	电焊条 E4303 $D3.2$	kg	7.59	6	8	12	14	16
	锯条	根	0.42	20	20	20	20	20
	平垫铁（综合）	kg	7.42	20	20	20	20	20
	道木 250×200×2500	根	452.90	0.5	1.0	1.0	1.0	1.5
	酚醛调和漆	kg	10.67	0.5	1.5	2.0	2.0	2.0
	煤油	kg	7.49	0.875	1.225	1.750	1.750	1.750

续前 **单位**：台

编号				3-409	3-410	3-411	3-412	3-413
项目				整装锅炉蒸发量(t/h以内)				
				0.7	1	2	3	4
组成内容		**单位**	**单价**	**数量**				
材料	溶剂汽油 200#	kg	6.90	7.000	7.500	9.000	9.000	9.000
	机油 5#～7#	kg	7.21	2.0	3.0	2.5	4.5	4.5
	铅油	kg	11.17	0.5	1.0	1.0	1.0	1.5
	黄干油	kg	15.77	1.0	1.0	1.0	1.0	1.5
	磷酸三钠	kg	4.79	15	15	28	35	46
	氢氧化钠	kg	7.24	15	15	28	35	46
	氧气	m^3	2.88	6.530	6.530	9.780	9.780	13.030
	乙炔气	kg	14.66	2.480	2.480	3.720	3.720	4.950
	石棉扭绳 *D*10～13	kg	14.24	0.5	0.5	0.5	0.5	0.5
	镀锌钢管 *DN*25	m	12.56	25	25	25	25	25
	水	m^3	7.62	14	16	25	30	42
机械	汽车式起重机 8t	台班	767.15	0.952	0.952	0.952	—	—
	汽车式起重机 16t	台班	971.12	0.952	0.952	—	0.952	0.952
	汽车式起重机 30t	台班	1141.87	—	—	0.952	0.952	0.952
	载货汽车 6t	台班	461.82	0.952	0.952	0.952	0.952	0.952
	试压泵 6MPa	台班	20.25	2.857	2.857	1.905	3.810	3.810
	交流弧焊机 32kV•A	台班	87.97	1.905	3.048	3.810	4.762	5.714
	电焊条烘干箱 600×500×750	台班	27.16	0.190	0.305	0.381	0.476	0.571

单位：台

编号				3-414	3-415	3-416	3-417
项目				整装锅炉蒸发量(t/h以内)			
				6	8	10	20
预算基价	总价(元)			**30464.44**	**35817.13**	**41972.48**	**57777.77**
	人工费(元)			23369.85	28123.20	32452.65	43089.30
	材料费(元)			3192.55	3772.61	4661.36	7242.86
	机械费(元)			3902.04	3921.32	4858.47	7445.61
组成内容		**单位**	**单价**	**数量**			
人工	综合工	工日	135.00	173.11	208.32	240.39	319.18
材料	轻油	kg	—	(19500)	(26500)	(29600)	(47500)
	镀锌钢丝 $D2.8\sim4.0$	kg	6.91	6	8	10	15
	石棉橡胶板 $\delta0.8\sim3.0$	kg	15.74	1.0	1.5	2.0	3.5
	棉纱	kg	16.11	7	7	9	15
	白布	kg	12.98	0.176	0.176	0.352	0.441
	铁砂布 $0^{\#}\sim2^{\#}$	张	1.15	35	60	60	80
	电焊条 E4303	kg	7.59	18.000	18.000	20.000	30.000
	锯条	根	0.42	30	40	40	80
	平垫铁（综合）	kg	7.42	20	30	30	36
	道木 250×200×2500	根	452.90	1.5	2.0	3.0	6.0
	酚醛调和漆	kg	10.67	2.5	3.5	4.0	5.0
	煤油	kg	7.49	2.1	2.1	3.5	4.2
	溶剂汽油 $200^{\#}$	kg	6.90	9.000	12.000	16.000	26.000

续前 **单位**：台

编号				3-414	3-415	3-416	3-417
项目				整装锅炉蒸发量(t/h以内)			
				6	8	10	20
组成内容		**单位**	**单价**	**数量**			
材料	机油 5[#]～7[#]	kg	7.21	5.0	5.0	6.0	11.0
	铅油	kg	11.17	1.8	2.0	2.0	4.0
	黄干油	kg	15.77	1.5	2.5	3.0	5.0
	磷酸三钠	kg	4.79	56	60	65	72
	氢氧化钠	kg	7.24	56	60	65	72
	氧气	m^3	2.88	21.75	26.00	32.60	51.75
	乙炔气	kg	14.66	8.27	9.88	12.39	19.67
	石棉扭绳 *D*10～13	kg	14.24	0.5	0.5	1.0	3.0
	镀锌钢管 *DN*25	m	12.56	25	25	25	25
	水	m^3	7.62	84	96	120	180
机械	汽车式起重机 30t	台班	1141.87	0.952	0.952	1.429	1.429
	汽车式起重机 40t	台班	1547.56	0.952	0.952	0.952	—
	汽车式起重机 50t	台班	2492.74	—	—	—	1.429
	载货汽车 6t	台班	461.82	1.429	1.429	1.905	2.381
	试压泵 6MPa	台班	20.25	3.810	4.762	4.762	5.714
	交流弧焊机 32kV•A	台班	87.97	6.667	6.667	8.571	11.429
	电焊条烘干箱 600×500×750	台班	27.16	0.667	0.667	0.857	1.143

6.散装燃油(气)锅炉本体安装

单位：t

编号				3-418	3-419	3-420
项目				散装锅炉蒸发量(t/h以内)		
				6	10	20
预算基价	总价(元)			**4102.27**	**3606.70**	**3306.62**
	人工费(元)			2975.40	2678.40	2528.55
	材料费(元)			450.61	442.17	372.45
	机械费(元)			676.26	486.13	405.62
组成内容		**单位**	**单价**	**数量**		
人工	综合工	工日	135.00	22.04	19.84	18.73
材料	轻油	kg	—	(720)	(910)	(1060)
	型钢	t	3699.72	0.00589	0.00576	0.00440
	镀锌钢丝 D2.8～4.0	kg	6.91	1.22	1.10	1.00
	普碳钢板（综合）	kg	4.18	6.210	6.150	6.000
	铅板 80×300×3	块	19.19	0.04900	0.03300	0.02500
	青铅	kg	22.81	2.78	2.31	1.37
	石棉橡胶板 低压 δ0.8～6.0	kg	19.35	0.06	0.05	0.05
	塑料暗袋 80×300	副	3.85	0.09	0.07	0.05
	棉纱	kg	16.11	0.36	0.35	0.21
	白布	kg	12.98	0.360	0.310	0.240
	尼龙砂轮片 D100×16×3	片	3.92	1.80	1.35	1.01
	铁砂布 0#～2#	张	1.15	5.00	5.00	4.70
	电焊条 E4303	kg	7.59	6.350	5.710	5.400
	氩弧焊丝	kg	11.10	0.39	0.37	0.22
	锯条	根	0.42	4.44	3.46	3.15
	平垫铁（综合）	kg	7.42	1.11	0.77	0.70
	斜垫铁（综合）	kg	10.34	1.110	0.770	0.700
	索具螺旋扣 M16×250	10套	329.23	—	0.030	0.024
	道木 250×200×2500	根	452.90	0.09	0.09	0.10
	白漆	kg	17.58	0.02	0.01	0.01
	酚醛调和漆	kg	10.67	—	0.58	0.56
	耐火漆	kg	22.44	—	0.96	0.89
	溶剂汽油 200#	kg	6.90	0.240	0.220	0.180
	机油 5#～7#	kg	7.21	0.22	0.21	0.18
	铅油	kg	11.17	0.06	0.06	0.04
	黄干油	kg	15.77	0.06	0.04	0.04
	冰醋酸 98%	L	60.57	0.00323	0.00243	0.00180
	磷酸三钠	kg	4.79	1.94	1.90	1.89

续前 **单位：t**

编号				3-418	3-419	3-420
项目				散装锅炉蒸发量(t/h以内)		
				6	10	20
组成内容		单位	单价	数量		
材料	硫代硫酸钠	kg	20.65	0.03105	0.02329	0.01725
	硫酸铝钾	kg	231.75	0.00194	0.00146	0.00108
	米吐尔	kg	230.67	0.00019	0.00014	0.00011
	硼酸	kg	11.68	0.00097	0.00073	0.00054
	氢氧化钠	kg	7.24	1.94	1.90	1.89
	无水碳酸钠	kg	21.29	0.00414	0.00311	0.00230
	无水亚硫酸钠	kg	21.68	0.00815	0.00611	0.00453
	溴化钾	kg	48.11	0.00035	0.00026	0.00019
	对苯二酚	kg	34.84	0.00076	0.00057	0.00042
	氩气	m^3	18.60	0.50	0.47	0.23
	氧气	m^3	2.88	2.73	2.50	1.83
	乙炔气	kg	14.66	1.04	0.95	0.70
	压敏胶粘带	m	1.58	1.04	0.78	0.58
	石棉扭绳 D11～25	kg	15.13	0.28	0.23	0.13
	X射线胶片 80×300	张	4.14	1.80	1.35	1.00
	增感屏 80×300	副	14.39	0.09	0.07	0.05
	镀锌钢管 DN25	m	12.56	0.66	0.56	0.50
	像质计	个	30.72	0.09	0.07	0.05
	贴片磁铁	副	2.18	0.03	0.03	0.02
	英文铅号码	套	84.46	0.06	0.04	0.03
	水	m^3	7.62	6.24	5.63	5.11
	焦炭	kg	1.25	24.44	23.07	18.40
	阿拉伯铅号码	套	38.63	0.06	0.04	0.03
	砂轮片 D400	片	19.56	0.848	0.800	0.543
机械	汽车式起重机 8t	台班	767.15	0.371	0.181	0.124
	汽车式起重机 16t	台班	971.12	0.152	0.133	0.133
	试压泵 6MPa	台班	20.25	0.267	0.248	0.229
	交流弧焊机 32kV•A	台班	87.97	0.952	0.876	0.771
	直流弧焊机 30kW	台班	92.43	0.571	0.571	0.476
	氩弧焊机 500A	台班	96.11	0.105	0.105	0.086
	电动空气压缩机 $6m^3$	台班	217.48	0.162	0.105	0.095
	电焊条烘干箱 600×500×750	台班	27.16	0.152	0.143	0.124
	X射线探伤机 TX-2505	台班	61.77	0.229	0.171	0.133
	X射线胶片脱水烘干机 ZTH-340	台班	60.23	0.019	0.010	0.010
	电动胀管机	台班	36.67	1.019	0.962	0.648

二、锅炉附属及辅助设备安装

1.旋风除尘器安装

(1) 单筒干式旋风除尘器安装

单位：台

编号				3-421	3-422	3-423
项目				单筒干式质量(t)		
				0.5以内	1.0以内	1.0以外
预算基价	总价(元)			**2508.43**	**3161.29**	**3670.26**
	人工费(元)			1633.50	1890.00	2376.00
	材料费(元)			417.08	432.31	455.28
	机械费(元)			457.85	838.98	838.98
组成内容		**单位**	**单价**	**数量**		
人工	综合工	工日	135.00	12.10	14.00	17.60
材料	普碳钢板 Q195～Q235 δ8～20	t	3843.31	0.010	0.010	0.010
	石棉扭绳 D11～25	kg	15.13	1.0	1.0	1.5
	碳钢斜垫铁	kg	9.99	12	12	12
	平垫铁（综合）	kg	7.42	6	6	6
	氧气	m^3	2.88	14.80	14.80	14.80
	乙炔气	kg	14.66	4.88	4.88	4.88
	电焊条 E4303 D3.2	kg	7.59	2	3	5
	镀锌钢丝 D2.8～4.0	kg	6.91	5	5	5
	棉纱	kg	16.11	1.0	1.0	1.0
	煤油	kg	7.49	2	3	3
	零星材料费	元	—	4.13	4.28	4.51
机械	汽车式起重机 8t	台班	767.15	0.4	0.7	0.7
	交流弧焊机 32kV•A	台班	87.97	0.5	1.0	1.0
	卷扬机 单筒慢速 50kN	台班	211.29	0.5	1.0	1.0
	电焊条烘干箱 600×500×750	台班	27.16	0.05	0.10	0.10

(2) 多筒干式旋风除尘器安装

单位：台

编号				3-424	3-425	3-426
项目				多筒干式质量(t)		
				3.5以内	5.0以内	5.0以外
预算基价	总价(元)			**4660.77**	**8860.82**	**10904.60**
	人工费(元)			3564.00	6385.50	8019.00
	材料费(元)			638.92	2017.47	2351.04
	机械费(元)			457.85	457.85	534.56
组成内容		**单位**	**单价**	**数量**		
人工	综合工	工日	135.00	26.40	47.30	59.40
材料	普碳钢板 Q195～Q235 δ8～20	t	3843.31	0.015	0.040	0.080
	石棉扭绳 D11～25	kg	15.13	2.5	3.5	5.0
	碳钢斜垫铁	kg	9.99	12	16	16
	平垫铁（综合）	kg	7.42	6	8	8
	氧气	m^3	2.88	15.00	30.03	30.03
	乙炔气	kg	14.66	4.95	10.00	10.01
	电焊条 E4303 D3.2	kg	7.59	8	15	20
	镀锌钢丝 D2.8～4.0	kg	6.91	10	18	25
	棉纱	kg	16.11	2.0	3.5	5.0
	煤油	kg	7.49	5	10	15
	铁砂布 0#～2#	张	1.15	10	15	20
	黄干油	kg	15.77	2	2	2
	机油 5#～7#	kg	7.21	2	2	2
	道木 250×200×2500	根	452.90	—	2	2
	零星材料费	元	—	6.33	19.97	23.28
机械	交流弧焊机 32kV•A	台班	87.97	0.5	0.5	0.5
	卷扬机 单筒慢速 50kN	台班	211.29	0.5	0.5	0.5
	电焊条烘干箱 600×500×750	台班	27.16	0.05	0.05	0.05
	汽车式起重机 8t	台班	767.15	0.4	0.4	0.5

(3) 多管干式旋风除尘器安装

单位：台

编号				3-427	3-428	3-429
项目				多管干式质量(t)		
				3.0以内	6.0以内	6.0以外
预算基价	总价(元)			**6528.00**	**11197.49**	**15138.32**
	人工费(元)			4765.50	6399.00	8167.50
	材料费(元)			621.54	2056.29	2857.51
	机械费(元)			1140.96	2742.20	4113.31
组成内容		**单位**	**单价**	**数量**		
人工	综合工	工日	135.00	35.30	47.40	60.50
材料	普碳钢板 Q195～Q235 δ8～20	t	3843.31	0.012	0.050	0.080
	石棉扭绳 D11～25	kg	15.13	2.0	3.5	5.0
	碳钢斜垫铁	kg	9.99	16	16	16
	平垫铁（综合）	kg	7.42	8	8	8
	氧气	m^3	2.88	15.00	30.03	30.03
	乙炔气	kg	14.66	4.95	10.00	10.00
	电焊条 E4303 D3.2	kg	7.59	8	15	20
	镀锌钢丝 D2.8～4.0	kg	6.91	8	18	25
	棉纱	kg	16.11	1.0	3.5	5.0
	煤油	kg	7.49	5	10	15
	铁砂布 0#～2#	张	1.15	10	15	20
	黄干油	kg	15.77	1	2	2
	机油 5#～7#	kg	7.21	1	2	2
	道木 250×200×2500	根	452.90	—	2	2
	木板	m^3	1672.03	—	—	0.3
	零星材料费	元	—	6.15	20.36	28.29
机械	交流弧焊机 32kV•A	台班	87.97	2.0	4.0	6.0
	卷扬机 单筒慢速 50kN	台班	211.29	2.0	4.0	6.0
	电焊条烘干箱 600×500×750	台班	27.16	0.20	0.40	0.60
	汽车式起重机 8t	台班	767.15	0.7	2.0	3.0

2.锅炉水处理设备安装

(1)浮动床钠离子交换器安装

单位：台

编号				3-430	3-431	3-432	3-433	3-434
项目				浮动床钠离子交换器软化水产量(t/h)				
				2	4	6	10	12
预算基价	总价(元)			**3797.39**	**4340.02**	**4906.07**	**5853.18**	**6281.49**
	人工费(元)			2562.30	2970.00	3296.70	3801.60	4120.20
	材料费(元)			597.37	730.37	877.62	1210.99	1320.70
	机械费(元)			637.72	639.65	731.75	840.59	840.59
组成内容		**单位**	**单价**	**数量**				
人工	综合工	工日	135.00	18.98	22.00	24.42	28.16	30.52
材料	水	m^3	7.62	4	8	12	20	24
	电	kW•h	0.73	36	36	48	96	96
	普碳钢板 $\delta10$	t	3696.94	0.00800	0.01000	0.01000	0.01200	0.01200
	石棉橡胶板 $\delta0.8\sim3.0$	kg	15.74	3.0	3.5	4.0	5.0	6.0
	镀锌精制六角带帽螺栓 M12×(14～75)	套	1.12	4	4	—	—	—
	石棉扭绳 $D11\sim25$	kg	15.13	0.20	0.25	0.30	0.40	0.40
	四氟带	kg	46.22	0.01	0.02	0.03	0.04	0.05
	碳钢斜垫铁	kg	9.99	4	4	4	6	6
	平垫铁（综合）	kg	7.42	8	8	8	12	12
	道木 250×200×2500	根	452.90	0.20	0.22	0.25	0.30	0.30
	氧气	m^3	2.88	12.93	14.35	16.98	20.23	21.75
	乙炔气	kg	14.66	4.91	5.45	6.45	7.69	8.27
	电焊条 E4303 $D3.2$	kg	7.59	1.8	2.5	3.0	4.0	4.0

续前

单位：台

编号				3-430	3-431	3-432	3-433	3-434
项目				浮动床钠离子交换器软化水产量(t/h)				
				2	4	6	10	12
组成内容		单位	单价	数量				
材料	气焊条 $D<2$	kg	7.96	0.35	0.50	0.60	0.70	0.50
	镀锌钢丝 $D2.8\sim4.0$	kg	6.91	3	4	4	5	5
	棉纱	kg	16.11	0.50	0.65	0.80	0.80	1.00
	铁砂布 0#～2#	张	1.15	4	5	5	5	6
	黄干油	kg	15.77	0.10	0.10	0.15	0.20	0.20
	机油 5#～7#	kg	7.21	0.20	0.20	0.30	0.40	0.45
	煤油	kg	7.49	0.5	0.6	0.7	0.8	0.8
	铅油	kg	11.17	0.10	0.10	0.15	0.20	0.20
	锯条	根	0.42	5	6	6	6	7
	工业盐	kg	0.91	100	150	200	300	350
	精制六角带帽螺栓 M16×(61～80)	套	1.35	—	—	8	8	8
	零星材料费	元	—	5.91	7.23	8.69	11.99	13.08
机械	汽车式起重机 8t	台班	767.15	0.4	0.4	0.5	0.6	0.6
	直流弧焊机 30kW	台班	92.43	1.0	1.0	1.1	1.2	1.2
	卷扬机 单筒慢速 30kN	台班	205.84	1.0	1.0	1.0	1.1	1.1
	电动空气压缩机 0.6m^3	台班	38.51	0.25	0.30	0.40	0.40	0.40
	试压泵 6MPa	台班	20.25	1.0	1.0	1.1	1.2	1.2
	电焊条烘干箱 600×500×750	台班	27.16	0.10	0.10	0.11	0.12	0.12

(2) 组合式水处理设备安装

单位：套

编号				3-435	3-436
项目				组合式出力(t/h)	
				1～2	4～8
预算基价	总价(元)			**1675.45**	**3462.67**
	人工费(元)			656.10	1903.50
	材料费(元)			575.53	888.76
	机械费(元)			443.82	670.41
组成内容		**单位**	**单价**	**数量**	
人工	综合工	工日	135.00	4.86	14.10
材料	水	m^3	7.62	4	8
	电	kW·h	0.73	3	3
	普碳钢板 δ10	t	3696.94	0.00100	0.00152
	石棉橡胶板 δ3～6	kg	15.68	3.0	5.0
	碳钢斜垫铁	kg	9.99	4	10
	道木 250×200×2500	根	452.90	0.20	0.30
	普碳钢板 δ3	m^2	87.62	1.0	1.5
	焊接钢管 *DN*50	m	18.68	3.38	—
	氧气	m^3	2.88	2.00	3.00
	乙炔气	kg	14.66	0.76	1.14
	电焊条 E4303 *D*3.2	kg	7.59	0.4	1.0
	镀锌钢丝 *D*2.8～4.0	kg	6.91	3	—
	铁砂布 0#～2#	张	1.15	2	4
	黄干油	kg	15.77	0.20	0.20

续前

单位：套

编号				3-435	3-436
项目				组合式出力(t/h)	
				1～2	4～8
组成内容		单位	单价	数量	
材料	机油 5# ～7#	kg	7.21	0.40	0.45
	煤油	kg	7.49	0.5	0.8
	铅油	kg	11.17	0.20	0.20
	锯条	根	0.42	5	7
	工业盐	kg	0.91	10	30
	棕绳	kg	10.60	6.8	6.8
	生料带	kg	57.28	0.05	0.05
	硫酸 98%	kg	3.20	20	20
	焊接钢管 *DN*80	m	31.81	—	1.60
	圆钢 *D*5.5～9.0	t	3896.14	—	0.00237
	焊接钢管 *DN*100	m	41.28	—	1.5
	镀锌薄钢板 δ0.50～0.65	t	4438.22	—	0.005
	零星材料费	元	—	5.70	8.80
机械	卷扬机 单筒慢速 30kN	台班	205.84	0.5	1.0
	电动空气压缩机 0.6m^3	台班	38.51	0.15	0.40
	试压泵 6MPa	台班	20.25	0.5	1.0
	电焊条烘干箱 600×500×750	台班	27.16	0.02	0.05
	交流弧焊机 32kV·A	台班	87.97	0.2	0.5
	汽车式起重机 8t	台班	767.15	0.4	0.5

3.板式换热器安装

单位：台

编号				3-437	3-438	3-439	3-440	3-441	3-442
项目				板式换热器质量(t以内)					
				1.0	1.5	2.0	3.0	4.0	5.0
预算基价	总价(元)			**2198.60**	**2990.93**	**3314.87**	**4244.21**	**5239.31**	**6469.19**
	人工费(元)			1188.00	1822.50	1957.50	2497.50	2936.25	3645.00
	材料费(元)			451.14	470.88	495.88	545.22	667.96	821.32
	机械费(元)			559.46	697.55	861.49	1201.49	1635.10	2002.87
组成内容		单位	单价	数量					
人工	综合工	工日	135.00	8.80	13.50	14.50	18.50	21.75	27.00
材料	型钢	t	3699.72	0.008	0.009	0.010	0.011	0.012	0.013
	普碳钢板 Q195～Q235 δ8～20	t	3843.31	0.0546	0.0566	0.0591	0.0643	0.0720	0.0797
	石棉橡胶板 δ0.8～3.0	kg	15.74	1.5	1.6	1.8	2.5	4.0	6.0
	镀锌精制六角带帽螺栓 M12×(14～75)	套	1.12	4	4	4	—	—	—
	碳钢斜垫铁	kg	9.99	4	4	4	4	6	8
	平垫铁（综合）	kg	7.42	8	8	8	8	12	16
	道木 250×200×2500	根	452.90	0.06	0.07	0.08	0.09	0.10	0.11
	氧气	m^3	2.88	4.83	4.95	5.28	5.55	6.00	9.00
	乙炔气	kg	14.66	1.93	1.98	2.11	2.22	2.40	3.60
	电焊条 E4303 D3.2	kg	7.59	1.22	1.32	1.42	1.52	2.00	2.50
	黑铅粉	kg	0.44	0.23	0.24	0.25	0.27	0.30	0.32
	机油 $5^{\#}$～$7^{\#}$	kg	7.21	0.15	0.18	0.20	0.22	0.24	0.26
	精制六角带帽螺栓 M16×(61～80)	套	1.35	—	—	—	8	10	12
	零星材料费	元	—	4.47	4.66	4.91	5.40	6.61	8.13
机械	直流弧焊机 30kW	台班	92.43	0.50	0.50	0.75	1.75	2.50	2.75
	卷扬机 单筒慢速 30kN	台班	205.84	1.0	1.0	1.0	1.5	2.0	2.0
	电动空气压缩机 0.6m^3	台班	38.51	0.25	0.25	0.30	0.40	0.50	0.60
	试压泵 6MPa	台班	20.25	1.0	1.0	1.0	1.0	1.5	2.0
	电焊条烘干箱 600×500×750	台班	27.16	0.05	0.05	0.08	0.18	0.25	0.28
	汽车式起重机 8t	台班	767.15	0.36	0.54	0.72	0.90	1.22	1.65

4.输煤设备安装

单位：台

编号				3-443	3-444	3-445	3-446
项目				翻斗上煤机			
				垂直卷扬	倾斜卷扬	带小车	单斗(0.75m³)
预算基价	总价(元)			**3359.39**	**3935.96**	**3594.83**	**15179.67**
	人工费(元)			2079.00	2524.50	2376.00	9801.00
	材料费(元)			605.89	736.96	544.33	2731.34
	机械费(元)			674.50	674.50	674.50	2647.33
组成内容		**单位**	**单价**	**数量**			
人工	综合工	工日	135.00	15.40	18.70	17.60	72.60
材料	型钢	t	3699.72	0.025	0.040	—	0.200
	普碳钢板 $\delta 10$	t	3696.94	0.030	0.050	0.040	0.100
	平垫铁（综合）	kg	7.42	6	6	6	6
	碳钢斜垫铁	kg	9.99	12	12	12	12
	氧气	m^3	2.88	15	15	15	30
	乙炔气	kg	14.66	4.95	4.95	4.95	9.90
	电焊条 E4303 $D3.2$	kg	7.59	5	5	5	10
	镀锌钢丝 $D2.8\sim4.0$	kg	6.91	2	2	2	—
	棉纱	kg	16.11	1	1	1	3
	机油 5#～7#	kg	7.21	2	2	1	2
	煤油	kg	7.49	3	3	3	10
	汽油 60#～70#	kg	6.67	2	2	2	2
	道木 250×200×2500	根	452.90	—	—	—	2
	铁砂布 0#～2#	张	1.15	—	—	—	30
	黄干油	kg	15.77	—	—	—	2
	零星材料费	元	—	4.21	5.85	5.39	27.04
机械	汽车式起重机 8t	台班	767.15	0.4	0.4	0.4	1.4
	交流弧焊机 32kV·A	台班	87.97	3	3	3	6
	卷扬机 单筒慢速 30kN	台班	205.84	0.5	0.5	0.5	5.0
	电焊条烘干箱 600×500×750	台班	27.16	0.03	0.03	0.03	0.60

5.除渣设备安装

(1)螺旋除渣机安装

单位：台

编号				3-447	3-448
项目				螺旋除渣机直径(mm)/输出能力(t/h)	
				150/1.1	200/1.2
预算基价	总价(元)			**7017.51**	**8955.50**
	人工费(元)			5643.00	6979.50
	材料费(元)			783.36	1203.48
	机械费(元)			591.15	772.52
组成内容		单位	单价	数量	
人工	综合工	工日	135.00	41.80	51.70
材料	普碳钢板 $\delta2\sim3$	t	3720.77	0.020	0.030
	石棉橡胶板 高压 $\delta1\sim6$	kg	23.57	15	20
	精制六角带帽螺栓 M10×75	套	0.76	40	50
	氧气	m^3	2.88	15.00	22.50
	乙炔气	kg	14.66	4.95	7.43
	电焊条 E4303 $D3.2$	kg	7.59	5.0	10.0
	镀锌钢丝 $D2.8\sim4.0$	kg	6.91	5	10
	棉纱	kg	16.11	2	4
	黄干油	kg	15.77	2	4
	机油 5#～7#	kg	7.21	2	5
	煤油	kg	7.49	5	10
	汽油 60#～70#	kg	6.67	2	2
	零星材料费	元	—	7.76	11.92
机械	汽车式起重机 8t	台班	767.15	0.4	0.4
	交流弧焊机 32kV·A	台班	87.97	2	4
	卷扬机 单筒慢速 30kN	台班	205.84	0.5	0.5
	电焊条烘干箱 600×500×750	台班	27.16	0.2	0.4

(2) 刮板除渣机安装

单位：台

编号				3-449	3-450
项目				刮板除渣机出渣量(t/h以内)	
				1.00	2.00
预算基价	总价(元)			**8497.76**	**11366.00**
	人工费(元)			6088.50	8613.00
	材料费(元)			1636.74	1889.79
	机械费(元)			772.52	863.21
组成内容		**单位**	**单价**	**数量**	
人工	综合工	工日	135.00	45.10	63.80
材料	普碳钢板 δ10	t	3696.94	0.030	0.050
	碳钢斜垫铁	kg	9.99	68	68
	平垫铁（综合）	kg	7.42	34	34
	氧气	m^3	2.88	22.50	30.03
	乙炔气	kg	14.66	7.43	9.91
	电焊条 E4303 $D3.2$	kg	7.59	10.0	15.0
	镀锌钢丝 $D2.8$～4.0	kg	6.91	10	15
	棉纱	kg	16.11	4	5
	黄干油	kg	15.77	4	4
	机油 5#～7#	kg	7.21	5	5
	煤油	kg	7.49	11	15
	汽油 60#～70#	kg	6.67	2	2
	零星材料费	元	—	16.21	18.71
机械	汽车式起重机 8t	台班	767.15	0.4	0.4
	交流弧焊机 32kV·A	台班	87.97	4	5
	卷扬机 单筒慢速 30kN	台班	205.84	0.5	0.5
	电焊条烘干箱 600×500×750	台班	27.16	0.4	0.5

(3) 链条除渣机安装

单位：台

编号				3-451	3-452	3-453	3-454
项目				链条除渣机输送长度(m)/除渣能力(t/h)			
				10/2	30/4	50/5	70/8
预算基价	总价(元)			**14538.05**	**26537.38**	**35256.32**	**39981.76**
	人工费(元)			10800.00	22140.00	27472.50	31630.50
	材料费(元)			2220.94	2880.27	5112.35	5679.79
	机械费(元)			1517.11	1517.11	2671.47	2671.47
组成内容		**单位**	**单价**	**数量**			
人工	综合工	工日	135.00	80.00	164.00	203.50	234.30
材料	普碳钢板 δ2～3	t	3720.77	0.080	0.100	0.200	0.200
	碳钢斜垫铁	kg	9.99	40	60	100	140
	平垫铁（综合）	kg	7.42	20	30	50	70
	道木 250×200×2500	根	452.90	2	2	4	4
	氧气	m^3	2.88	14.40	28.98	45.03	45.03
	乙炔气	kg	14.66	4.75	9.56	14.86	14.86
	电焊条 E4303 D3.2	kg	7.59	5.0	9.5	20.0	20.0
	镀锌钢丝 D2.8～4.0	kg	6.91	5	10	13	15
	棉纱	kg	16.11	5	8	10	10
	黄干油	kg	15.77	3	4	6	6
	机油 5#～7#	kg	7.21	5	8	10	10
	煤油	kg	7.49	5	10	20	20
	汽油 60#～70#	kg	6.67	1	1	2	2
	铅油	kg	11.17	5	5	5	5
	零星材料费	元	—	21.99	28.52	50.62	56.24
机械	汽车式起重机 8t	台班	767.15	1.0	1.0	2.0	2.0
	交流弧焊机 32kV·A	台班	87.97	6	6	8	8
	卷扬机 单筒慢速 30kN	台班	205.84	1.0	1.0	2.0	2.0
	电焊条烘干箱 600×500×750	台班	27.16	0.6	0.6	0.8	0.8

(4) 重型链条除渣机安装

单位：台

编号				3-455
项目				输送长度50m以内/除渣能力10t/h以内
预算基价	总价(元)			**43312.59**
	人工费(元)			35343.00
	材料费(元)			5298.12
	机械费(元)			2671.47
组成内容		**单位**	**单价**	**数量**
人工	综合工	工日	135.00	261.80
材料	普碳钢板 δ2～3	t	3720.77	0.200
	碳钢斜垫铁	kg	9.99	106
	平垫铁（综合）	kg	7.42	53
	道木 250×200×2500	根	452.90	4
	氧气	m^3	2.88	45.03
	乙炔气	kg	14.66	14.86
	电焊条 E4303 D3.2	kg	7.59	20.0
	镀锌钢丝 D2.8～4.0	kg	6.91	20
	棉纱	kg	16.11	10
	黄干油	kg	15.77	6
	机油 5#～7#	kg	7.21	10
	煤油	kg	7.49	20
	汽油 60#～70#	kg	6.67	10
	铅油	kg	11.17	5
	零星材料费	元	—	52.46
机械	汽车式起重机 8t	台班	767.15	2.0
	交流弧焊机 32kV•A	台班	87.97	8
	卷扬机 单筒慢速 30kN	台班	205.84	2.0
	电焊条烘干箱 600×500×750	台班	27.16	0.8

6. 双锟齿式破碎机安装

单位：台

编号				3-456	3-457
项目				辊齿直径×长度	
				D450×500	D600×750
预算基价	总价(元)			**18485.76**	**25240.75**
	人工费(元)			14107.50	18414.00
	材料费(元)			3133.21	4427.34
	机械费(元)			1245.05	2399.41
组成内容		单位	单价	数量	
人工	综合工	工日	135.00	104.50	136.40
材料	普碳钢板 δ10	t	3696.94	0.060	0.070
	石棉橡胶板 高压 δ1～6	kg	23.57	5	5
	木板 δ25	m^3	1657.81	0.1	0.1
	羊毛毡 δ6～8	m^2	34.67	1	1
	道木 250×200×2500	根	452.90	2	4
	平垫铁（综合）	kg	7.42	88	88
	氧气	m^3	2.88	30.03	45.03
	乙炔气	kg	14.66	9.91	14.86
	电焊条 E4303 D3.2	kg	7.59	15	20
	镀锌钢丝 D2.8～4.0	kg	6.91	10	15
	白布	m^2	10.34	2	2
	棉纱	kg	16.11	10	10
	铁砂布 0#～2#	张	1.15	30	30
	黄干油	kg	15.77	4	6
	机油 5#～7#	kg	7.21	8	10
	煤油	kg	7.49	15	20
	汽油 60#～70#	kg	6.67	5	10
	铅油	kg	11.17	2	5
	硫酸 98%	kg	3.20	8	8
	氢氧化钠	kg	7.24	8	8
	零星材料费	元	—	31.02	43.84
机械	汽车式起重机 8t	台班	767.15	1	2
	交流弧焊机 32kV·A	台班	87.97	3	5
	卷扬机 单筒慢速 30kN	台班	205.84	1	2
	电焊条烘干箱 600×500×750	台班	27.16	0.3	0.5

附　　录

附录一　材料价格

说　明

一、本附录材料价格为不含税价格，是确定预算基价子目中材料费的基期价格。

二、材料价格由材料采购价、运杂费、运输损耗费和采购及保管费组成。计算公式如下：

采购价为供货地点交货价格：

材料价格＝(采购价＋运杂费)×(1＋运输损耗率)×(1＋采购及保管费费率)

采购价为施工现场交货价格：

材料价格＝采购价×(1＋采购及保管费费率)

三、运杂费指材料由供货地点运至工地仓库(或现场指定堆放地点)所发生的全部费用。运输损耗指材料在运输装卸过程中不可避免的损耗，材料损耗率如下表：

材料损耗率表

材料类别	损耗率
页岩标砖、空心砖、砂、水泥、陶粒、耐火土、水泥地面砖、白瓷砖、卫生洁具、玻璃灯罩	1.0%
机制瓦、脊瓦、水泥瓦	3.0%
石棉瓦、石子、黄土、耐火砖、玻璃、色石子、大理石板、水磨石板、混凝土管、缸瓦管	0.5%
砌块、白灰	1.5%

注：表中未列的材料类别，不计损耗。

四、采购及保管费是指为组织采购、供应和保管材料、工程设备的过程中所需要的各项费用。采购及保管费费率按0.42%计取。

五、附录中材料价格是编制期天津市建筑材料市场综合取定的施工现场交货价格，并考虑了采购及保管费。

六、采用简易计税方法计取增值税时，材料的含税价格按照税务部门有关规定计算，以“元”为单位的材料费按系数1.1086调整。

材料价格表

序号	材料名称	规格	单位	单价（元）
1	硅酸盐水泥	32.5级	kg	0.36
2	硅酸盐水泥	42.5级	kg	0.41
3	页岩标砖	240×115×53	千块	513.60
4	硅藻土隔热砖	GG-0.7	m^3	949.63
5	砂子	—	t	87.03
6	砂子	粗砂	t	86.14
7	有机玻璃	$\delta<8$	kg	38.63
8	石油沥青	$10^{\#}$	kg	4.04
9	石棉	6级	kg	3.76
10	石棉灰	Ⅳ级	kg	1.01
11	矿渣棉	—	kg	0.58
12	硅藻土粉	生料	kg	0.80
13	石英砂	—	kg	0.28
14	木板	—	m^3	1672.03
15	木材	方木	m^3	2716.33
16	木材	一级红白松	m^3	3396.72
17	木板	$\delta 25$	m^3	1657.81
18	道木	250×200×2500	根	452.90
19	胶木棒	$D35$	kg	12.27
20	胶合板	6mm厚	m^2	44.90
21	胶木板	—	kg	10.37
22	钢丝	$D0.1\sim0.5$	kg	8.13
23	镀锌钢丝	（综合）	kg	7.16
24	镀锌钢丝	$D0.7\sim1.2$	kg	7.34
25	镀锌钢丝	$D2.8\sim4.0$	kg	6.91
26	钢丝绳	$D4.2$	kg	6.67
27	圆钢	$D5.5\sim9.0$	t	3896.14
28	圆钢	$D10\sim14$	t	3926.88
29	圆钢	$D15\sim24$	t	3894.21

续表

序号	材料名称	规格	单位	单价（元）
30	圆钢	D25～32	t	3884.17
31	圆钢	D＞32	t	3740.04
32	热轧角钢	＜60	t	3721.43
33	型钢	—	t	3699.72
34	普碳方钢	各种规格	t	3901.87
35	普碳钢板	δ2～3	t	3720.77
36	普碳钢板	δ4.5～7.0	t	3839.09
37	普碳钢板	δ10	t	3696.94
38	普碳钢板	Q195～Q235 δ0.50～0.65	t	4097.25
39	普碳钢板	Q195～Q235 δ1.0～1.5	t	3992.69
40	普碳钢板	Q195～Q235 δ2.6～3.2	t	3953.25
41	普碳钢板	Q195～Q235 δ3.5～4.0	t	3945.80
42	普碳钢板	Q195～Q235 δ4.5～7.0	t	3843.28
43	普碳钢板	Q195～Q235 δ8～20	t	3843.31
44	普碳钢板	Q195～Q235 δ21～30	t	3614.76
45	普碳钢板	Q195～Q235 δ＞31	t	4001.15
46	普碳钢板	δ3	m^2	87.62
47	普碳钢板	（综合）	kg	4.18
48	镀锌薄钢板	δ0.75	m^2	27.53
49	镀锌薄钢板	δ0.50～0.65	t	4438.22
50	平垫铁	（综合）	kg	7.42
51	斜垫铁	（综合）	kg	10.34
52	碳钢斜垫铁	—	kg	9.99
53	焊接钢管	DN20	m	6.32
54	焊接钢管	D32×2.5	t	3843.23
55	焊接钢管	DN50	m	18.68
56	焊接钢管	DN80	m	31.81
57	焊接钢管	DN100	m	41.28
58	热轧无缝钢管	D51～70 δ4.7～7.0	t	4200.48

续表

序号	材料名称	规格	单位	单价（元）
59	热轧一般无缝钢管	（综合）	t	4558.50
60	热轧一般无缝钢管	$D25\times4$	m	10.50
61	镀锌钢管	$DN15$	m	6.70
62	镀锌钢管	$DN25$	m	12.56
63	镀锌钢管	$DN32$	m	16.11
64	镀锌钢管	$DN50$	m	24.59
65	弹簧钢	—	t	5653.93
66	铅板	80×300×3	块	19.19
67	青铅	—	kg	22.81
68	英文铅号码	—	套	84.46
69	阿拉伯铅号码	—	套	38.63
70	黄铜棒	$D7\sim80$	kg	80.46
71	紫铜棒	$D16\sim80$	kg	92.76
72	紫铜皮	各种规格	kg	86.14
73	紫铜皮	$\delta0.05\sim0.30$	kg	86.14
74	紫铜管	$D4\sim13$	kg	94.65
75	铜丝布	16目	m^2	117.37
76	不锈钢圆钢	$D6$	t	15216.06
77	不锈钢板	0Cr18Ni9Ti $\delta<8$	t	15477.15
78	不锈钢板	0Cr18Ni9Ti 0.05～0.50	t	15549.68
79	钉子	2mm	kg	7.74
80	圆钉	$D<70$	kg	6.68
81	扒钉	—	kg	8.58
82	细铜网	—	m^2	93.39
83	镀锌钢丝网	20×20×1.6	m^2	13.63
84	镀锌钢丝网	40×40×3.6	m^2	30.61
85	铜焊条	铜107 $D3.2$	kg	51.27
86	铬不锈钢电焊条	—	kg	30.93
87	硬聚氯乙烯焊条	$D4$	kg	11.23

续表

序号	材料名称	规格	单位	单价（元）
88	电焊条	E4303（综合）	kg	7.59
89	电焊条	E4303 D2.5～3.2	kg	7.59
90	电焊条	E4303 D3.2	kg	7.59
91	电焊条	E4303 D4	kg	7.58
92	电焊条	E5015 D3.2	kg	9.17
93	不锈钢电焊条	奥102 $D<2.5$	kg	40.67
94	不锈钢电焊条	奥102 D3.2	kg	40.67
95	气焊条	$D<2$	kg	7.96
96	低合金钢耐热电焊条	（综合）	kg	21.81
97	氩弧焊丝	—	kg	11.10
98	合金钢气焊丝	—	kg	9.58
99	焊锡丝	—	kg	60.79
100	铜焊粉	—	kg	40.09
101	带帽螺栓	M22×85	套	4.14
102	花篮螺栓	M16×250	套	13.84
103	花篮螺栓	M20×300	套	18.11
104	双头精制带帽螺栓	M16×（100～125）	套	2.32
105	精制六角带帽螺栓	M6×30	套	0.20
106	精制六角带帽螺栓	M8×30	套	0.38
107	精制六角带帽螺栓	M8×75	套	0.61
108	精制六角带帽螺栓	M10×75	套	0.76
109	精制六角带帽螺栓	M16×（61～80）	套	1.35
110	镀锌精制六角带帽螺栓	M12×（14～75）	套	1.12
111	精制六角螺母	M12～16	个	0.32
112	精制六角螺母	M24	个	1.60
113	精制六角螺母	M30	个	2.94
114	精制六角螺母	M50～60	个	6.49
115	金属齿形垫	（综合）	片	63.17
116	锯条	—	根	0.42
117	酚醛调和漆	各种颜色	kg	10.67

续表

序号	材料名称	规格	单位	单价（元）
118	白漆	—	kg	17.58
119	喷漆	—	kg	22.50
120	酚醛磁漆	各种颜色	kg	14.23
121	清漆	Y01-1	kg	13.35
122	汽包漆	—	kg	28.28
123	耐火漆	—	kg	22.44
124	酚醛防锈漆	各种颜色	kg	17.27
125	硝基快干腻子	—	kg	15.26
126	硫酸	纯度98%	kg	3.20
127	稀盐酸	—	kg	3.02
128	硼酸	—	kg	11.68
129	冰醋酸	98%	kg	2.08
130	冰醋酸	98%	L	60.57
131	水玻璃	—	kg	2.38
132	氢氧化钠	—	kg	7.24
133	磷酸三钠	—	kg	4.79
134	硫代硫酸钠	—	kg	20.65
135	无水碳酸钠	—	kg	21.29
136	无水亚硫酸钠	—	kg	21.68
137	工业盐	—	kg	0.91
138	黑铅粉	—	kg	0.44
139	红丹粉	—	kg	12.42
140	氧气	—	m^3	2.88
141	乙炔气	—	kg	14.66
142	氩气	—	m^3	18.60
143	米吐尔	—	kg	230.67
144	凡尔砂	—	kg	10.28
145	凡士林	—	kg	11.12
146	信那水	—	kg	14.17
147	铅油	—	kg	11.17

续表

序号	材料名称	规格	单位	单价（元）
148	环氧树脂	各种规格	kg	28.33
149	对苯二酚	—	kg	34.84
150	二硫化钼	—	kg	32.13
151	氨水	—	kg	3.14
152	联氨	40%	kg	11.21
153	硫酸铝钾	—	kg	231.75
154	溴化钾	—	kg	48.11
155	白铅粉	—	kg	26.31
156	滑石粉	—	kg	0.59
157	硼砂	—	kg	4.46
158	生胶	—	kg	25.09
159	密封胶	—	支	20.97
160	压敏胶粘带	—	m	1.58
161	煤	—	t	527.83
162	烟煤	—	t	632.34
163	焦炭	—	kg	1.25
164	木柴	—	kg	1.03
165	木炭	—	kg	4.76
166	汽油	60#～70#	kg	6.67
167	航空汽油	—	kg	8.58
168	溶剂汽油	200#	kg	6.90
169	煤油	—	kg	7.49
170	汽轮机油	各种规格	kg	10.84
171	机油	5#～7#	kg	7.21
172	齿轮油	—	kg	9.66
173	黄干油	—	kg	15.77
174	麻绳	—	kg	9.28
175	白麻绳	*D*26	kg	9.69
176	棕绳	—	kg	10.60
177	线麻	—	kg	11.36

续表

序号	材料名称	规格	单位	单价（元）
178	铁砂布	—	张	1.56
179	铁砂布	0#～2#	张	1.15
180	白布	—	m^2	10.34
181	白布	—	kg	12.98
182	棉纱	—	kg	16.11
183	丝绸	—	m	24.56
184	破布	—	kg	5.07
185	羊毛毡	δ1～5	m^2	14.25
186	羊毛毡	δ6～8	m^2	34.67
187	油毛毡	400g	m^2	2.57
188	尼龙绳	*D*0.5～1.0	kg	54.14
189	医用输血胶管	*D*8	m	4.40
190	塑料布	—	kg	10.93
191	塑料暗袋	80×300	副	3.85
192	钍钨棒	—	kg	640.87
193	松香水	—	kg	9.92
194	油麻	—	kg	16.48
195	水	—	m^3	7.62
196	电	—	kW·h	0.73
197	X射线胶片	80×300	张	4.14
198	软化水	—	m^3	4.80
199	医用胶布	大筒	筒	39.54
200	医用白胶布	—	m^2	29.25
201	钢丝刷	—	把	6.20
202	增感屏	80×300	副	14.39
203	砂轮片	*D*400	片	19.56
204	尼龙砂轮片	*D*100×16×3	片	3.92
205	青壳纸	δ0.1～1.0	kg	4.80
206	描图纸	—	m^2	3.23
207	牛皮纸	—	张	1.12

续表

序号	材料名称	规格	单位	单价（元）
208	滤油纸	300×300	张	0.93
209	毛刷	—	把	1.75
210	面粉	—	kg	1.90
211	鱼油	—	kg	9.52
212	脱化剂	—	kg	9.60
213	镀锌弯头	*DN*20	个	1.54
214	压制弯头	*D*76×6	个	11.05
215	法兰截止阀	J41T-16 *DN*50	个	108.77
216	螺纹截止阀	J11T-16 *DN*20	个	15.30
217	钢板平焊法兰	1.6MPa *DN*50	个	22.98
218	钢板平焊法兰	1.6MPa *DN*70	个	32.70
219	像质计	—	个	30.72
220	水位计玻璃板	—	块	26.98
221	石棉盘根	*D*6～10	kg	19.28
222	油麻盘根	*D*6～25	kg	30.16
223	石棉扭绳	*D*3 烧失量24%	kg	19.69
224	石棉扭绳	*D*4～5 烧失量24%	kg	18.59
225	石棉扭绳	*D*6～10 烧失量24%	kg	19.43
226	石棉扭绳	*D*10～13	kg	14.24
227	石棉扭绳	*D*11～25	kg	15.13
228	石棉编绳	*D*6～10 烧失量24%	kg	19.22
229	石棉布	各种规格烧失量32%	kg	27.50
230	石棉纸	—	kg	23.12
231	橡胶石棉盘根	*D*4～5 250℃编制	kg	20.59
232	橡胶石棉盘根	*D*6～25 250℃编制	kg	25.04
233	橡胶石棉盘根	*D*11～25 250℃编制	kg	25.04
234	油浸石棉盘根	*D*4～5 450℃编制	kg	31.14
235	油浸石棉盘根	*D*6～10 250℃编制	kg	31.14
236	油浸石棉盘根	*D*11～25扭制	kg	31.14
237	油浸石棉铜丝盘根	*D*3 450℃编制	kg	36.63

续表

序号	材料名称	规格	单位	单价（元）
238	石棉橡胶板	低压 δ0.8～6.0	kg	19.35
239	石棉橡胶板	中压 δ0.8～6.0	kg	20.02
240	石棉橡胶板	高压 δ0.5～8.0	kg	21.45
241	石棉橡胶板	高压 δ1～6	kg	23.57
242	石棉橡胶板	δ0.8～3.0	kg	15.74
243	石棉橡胶板	δ3～6	kg	15.68
244	耐油橡胶板	δ3～6	kg	17.69
245	耐油石棉橡胶板	δ0.8	kg	36.99
246	耐油石棉橡胶板	δ1	kg	31.78
247	耐油石棉橡胶板	δ2	kg	35.22
248	耐酸橡胶石棉板	δ2	kg	27.73
249	耐酸橡胶板	δ3	kg	17.38
250	橡胶板	δ1～3	kg	11.26
251	橡胶板	δ4～10	kg	10.66
252	橡胶板	δ4～15	kg	10.83
253	耐油胶管	—	m	23.42
254	普通胶管	D13	m	18.33
255	四氟带	—	kg	46.22
256	密封塑料带	—	kg	15.49
257	生料带	—	kg	57.28
258	裸铜线	120mm^2	kg	54.36
259	镍铬电阻丝	D3.2	kg	172.23
260	保险丝	5A	轴	7.05
261	保险丝	10A	轴	10.38
262	绝缘垫	δ2.0	m^2	11.18
263	绝缘棒	—	kg	10.89
264	索具螺旋扣	M16×250	10套	329.23
265	隔电纸	—	m^2	10.73
266	贴片磁铁	—	副	2.18
267	电炉丝	220V 2000W	条	15.17

附录二　施工机械台班价格

说　明

一、本附录机械不含税价格是确定预算基价中机械费的基期价格，也可作为确定施工机械台班租赁价格的参考。

二、台班单价按每台班8小时工作制计算。

三、台班单价由折旧费、检修费、维护费、安拆费及场外运费、人工费、燃料动力费和其他费组成。

四、安拆费及场外运费根据施工机械不同分为计入台班单价、单独计算和不计算三种类型。

1.工地间移动较为频繁的小型机械及部分中型机械，其安拆费及场外运费计入台班单价。

2.移动有一定难度的特、大型（包括少数中型）机械，其安拆费及场外运费单独计算。单独计算的安拆费及场外运费除应计算安拆费、场外运费外，还应计算辅助设施（包括基础、底座、固定锚桩、行走轨道枕木等）的折旧、搭设和拆除等费用。

3.不需安装、拆卸且自身能开行的机械和固定在车间不需安装、拆卸及运输的机械，其安拆费及场外运费不计算。

五、采用简易计税方法计取增值税时，机械台班价格应为含税价格，以“元”为单位的机械台班费按系数1.0902调整。

施工机械台班价格表

序号	机　械　名　称	规　格　型　号	台班不含税单价（元）	台班含税单价（元）
1	履带式起重机	10t	642.29	684.72
2	履带式起重机	15t	759.77	816.54
3	履带式起重机	20t	778.65	837.80
4	履带式起重机	25t	824.31	889.30
5	履带式起重机	30t	934.85	1013.32
6	履带式起重机	50t	1422.70	1559.52
7	汽车式起重机	8t	767.15	816.68
8	汽车式起重机	12t	864.36	924.77
9	汽车式起重机	16t	971.12	1043.79
10	汽车式起重机	20t	1043.80	1124.97
11	汽车式起重机	30t	1141.87	1234.24
12	汽车式起重机	40t	1547.56	1686.00
13	汽车式起重机	50t	2492.74	2738.37
14	门式起重机	20t	644.36	689.65
15	门式起重机	30t	743.10	800.79
16	门式起重机	50t	1106.42	1209.94
17	自升式塔式起重机	400kN•m	558.13	594.46
18	门座吊	30t	543.55	590.25
19	载货汽车	5t	443.55	476.28
20	载货汽车	6t	461.82	496.16
21	载货汽车	8t	521.59	561.99
22	载货汽车	10t	574.62	620.24
23	载货汽车	15t	809.06	886.72
24	机动翻斗车	1t	207.17	214.39
25	平板拖车组	10t	909.28	964.21
26	平板拖车组	15t	1007.72	1072.16

续表

序号	机械名称	规格型号	台班不含税单价（元）	台班含税单价（元）
27	平板拖车组	20t	1101.26	1181.63
28	平板拖车组	30t	1263.97	1362.78
29	平板拖车组	40t	1468.34	1590.10
30	平板拖车组	60t	1632.92	1773.73
31	卷扬机	单筒快速 10kN	197.27	200.85
32	卷扬机	单筒快速 20kN	225.43	232.75
33	卷扬机	单筒慢速 30kN	205.84	210.09
34	卷扬机	单筒慢速 50kN	211.29	216.04
35	液压升降机	9m	31.84	34.71
36	电动葫芦	单速 2t	31.60	35.10
37	电动葫芦	单速 3t	33.90	37.57
38	电动葫芦	单速 5t	41.02	45.30
39	滚筒式混凝土搅拌机	250L	225.89	229.20
40	滚筒式混凝土搅拌机	350L	248.56	254.67
41	普通车床	400×1000	205.13	208.94
42	普通车床	630×1400	230.05	236.53
43	普通车床	630×2000	242.35	250.09
44	磨床	—	304.83	313.53
45	牛头刨床	650	226.12	230.06
46	立式钻床	$D25$	6.78	7.64
47	台式钻床	$D16$	4.27	4.80
48	台式砂轮机	$D250$	19.99	21.79
49	砂轮切割机	$D400$	32.78	35.74
50	切砖机	5.5kW	32.04	35.03
51	中频加热处理机	100kW	96.25	107.83
52	坡口机	2.8kW	32.84	35.78

续表

序号	机械名称	规格型号	台班不含税单价（元）	台班含税单价（元）
53	喷砂除锈机	$3m^3/min$	34.55	38.31
54	空气锤	75kg	228.99	232.89
55	空气锤	150kg	263.27	271.57
56	空气锤	400kg	359.78	380.23
57	电动胀管机	—	36.67	39.98
58	电动单级离心清水泵	*D*50	28.19	30.82
59	试压泵	6MPa	20.25	22.09
60	试压泵	60MPa	24.94	27.39
61	氩弧焊机	500A	96.11	105.49
62	交流弧焊机	21kV·A	60.37	66.66
63	交流弧焊机	32kV·A	87.97	98.06
64	交流弧焊机	42kV·A	122.40	137.18
65	直流弧焊机	20kW	75.06	83.12
66	直流弧焊机	30kW	92.43	102.77
67	电焊条烘干箱	600×500×750	27.16	29.58
68	电动空气压缩机	$0.6m^3/min$	38.51	41.30
69	电动空气压缩机	$1m^3/min$	52.31	56.92
70	电动空气压缩机	$6m^3/min$	217.48	242.86
71	电动空气压缩机	$10m^3/min$	375.37	421.34
72	内燃空气压缩机	$3m^3/min$	227.44	252.20
73	内燃空气压缩机	$6m^3/min$	330.12	366.28
74	鼓风机	$18m^3/min$	41.24	44.90
75	轴流风机	7.5kW	42.17	46.69
76	X射线胶片脱水烘干机	ZTH-340	60.23	65.66
77	X射线探伤机	TX-2505	61.77	67.34
78	滤油机	—	32.16	35.06
79	自控热处理机	—	207.91	226.66

附录三　主要材料损耗率表

炉墙砌筑材料及半成品表

序　号	名　　　称	损耗率(%)	序　号	名　　　称	损耗率(%)
1	硅藻土砖	4	12	石棉绒	4
2	硅藻土板	6	13	高硅氧纤维	4
3	水泥珍珠岩板	12	14	超细玻璃棉缝合毡	1
4	水玻璃珍珠岩板	12	15	铸石板	8
5	水泥	4	16	石棉板	4
6	瓷板	6	17	硅质酸泥及环氧胶泥	5
7	耐火泥	4	18	耐火混凝土	6
8	生料硅藻土粉	6	19	耐火塑料	6
9	珍珠岩粉	6	20	保温混凝土	6
10	石英粉	4	21	炉墙抹面	6
11	氯化镁	10	22	密封涂料	5.1

附录四　周转性材料折旧率表

周转性材料折旧率表

材　料　名　称　及　用　途		折　旧　率（%）
枕木及运输排子	滚杠运输用枕木（设备质量在80t以内）	5
	滚杠运输用枕木（设备质量在80t以外）	7
	垫用枕木	10
	运输用排子	5
热处理周转材料	预热用导线	5
	热处理用导线	20
	热处理用石棉布	50
锅炉砌筑用模板	预制锅炉炉墙	33.3
	现浇锅炉炉墙	50
周转性钢材	受热面校管平台	4
	钢架组合平台	8
	受热面组合架	10
	受热面加固铁构成型件	12.5
	冲管临时系统（管道）	25
	冲管临时系统（阀门）	50
	冲管临时系统（冲管支架）	25
	冲管临时系统（水压试验堵头）	25
	冲管临时系统（安装用特配工具模具）	25
	冲管临时系统（其他周转钢材）	25